DIE JU 52

MIT DEN AUGEN DES KAPITÄNS

FLÜGE – GESCHICHTEN – ERLEBNISSE

Claus Cordes

Motor buch Verlag

Die Ju 52/3m D-AQUI der Deutsche Lufthansa Berlin-Stiftung auf dem Werftgelände in Hamburg-Fuhlsbüttel.

JUNKERS
D-AQUI

Tante Ju und das Wetter

Wir durften die Ju 52 zwar nach Instrumentenflugregeln im Blindflug fliegen, aber das war natürlich nicht Sinn der Sache. Also fanden die allermeisten Flüge nach Sichtflugregeln statt. Nur wenn ein Überführungsflug anstand oder die Tante dringend irgendwohin musste, wurde bei schlechtem Wetter nach Instrumentenflugregeln geflogen. Aber so wirklich toll war das nicht.

Deswegen konnte es auch mal vorkommen, dass wir Rundfluggäste wieder nach Hause schicken mussten. Niemand will bei schlechter Sicht, tiefen Wolken oder bei starker Turbulenz ein Zwiegespräch mit seiner Tüte führen und sich seine letzte Mahlzeit nochmal durch den Kopf gehen lassen. Wir blickten dann immer in enttäuschte Gesichter, meinten es aber wirklich gut mit unseren Passagieren, denn das Erlebnis sollte ja ein schönes sein. In einem solchen Fall wurden die Gäste umgebucht oder bekamen ihr Geld zurück. Auch für uns Besatzungen waren Flugausfälle nicht schön. Stellen Sie sich einmal vor, ich stehe morgens um 5 Uhr auf, reise durch halb Deutschland, und erkläre um 11:00 h, 12:15 h, 14:30 h und 15:45 h, dass das heute nichts wird und komme um 20:00 h wieder zu Hause an, ohne dass die Propellerblätter auch nur eine einzige Umdrehung gemacht haben. Das war natürlich auch nicht mein Traum, aber dann und wann unvermeidbar.

Meist war im Sommerhalbjahr aber gutes, manchmal sogar ausgezeichnetes Flugwetter. Rückseiten hinter abgezogenen Kaltfronten mit Sichten von „Pol zu Pol" vermittelten ein einmaliges Erlebnis und ließen verzückte Gäste und auch Besatzungen zurück, manchmal stumm vor Glück.

Man konnte es nicht planen und musste beim Buchen eben das richtige Los aus der Trommel zu fassen kriegen. Wir achteten aber immer darauf, dass sich all der Aufwand lohnt – und wenn wir unsere Gäste wirklich mal nach Hause schicken mussten, dann geschah das nur zu deren Vorteil.

Bilderbuchwetter bei einem Flug über der Kieler Außenförde.

War die Tante immer fit?

Nein, nicht immer, aber fast immer. Abgesehen von den großen Reparaturen an den Flügelholmen im Jahr 2017 habe ich in 31 Jahren nur vier Flüge oder Flugtage wegen technischer Probleme absagen oder abbrechen müssen. Das zeigt auch wie gut unsere Mechaniker waren. Ich drücke das überspitzt mal so aus: wenn ein Mechaniker scheinbar grundlos ein Loch in ein Blech bohrte, dann tat er das, weil er wusste, dass dort beim nächsten Flug ein Riss entstehen würde.

Ja, es wurden auch schon außerplanmäßig Motoren gewechselt. Das geschah aber meist, bevor die ihren Dienst versagten, weil man Leckagen oder Späne im Öl rechtzeitig entdeckte. Einmal ist mir allerdings doch mit lautem Knall ein Auslassventil am Mittelmotor abgerissen, der daraufhin nur widerwillig und unrund weiterlief, bis wir ihn abstellten. Die Landung verlief problemlos, der Zylinder wurde in der Nacht gewechselt, und am nächsten Tag flog die Tante wieder wie eh und je. Sie war eben die gute, alte, zuverlässige Tante Ju, die über 400 Flugstunden pro Jahr ohne großes Murren überstand und brav ihre Pflicht tat. Hugo Junkers wollte ein robustes Flugzeug erschaffen, und das ist ihm gelungen. Er konnte dabei nicht einmal erahnen, dass sie noch viele Jahre tagein tagaus am Himmel brummen würde.

Ju 52 Techniker bei Wartungsarbeiten am Mittelmotor.

Die Technik der D-AQUI

Nachdem ich einleitend skizziert habe, wie und in welchem Umfeld wir uns mit der Ju 52 bewegt haben, wollen wir uns nun dem Flugzeug selbst weiter nähern und zunächst seinen Aufbau eingehend betrachten. Dabei werde ich auch auf Abweichungen der D-AQUI vom Originalzustand eingehen.

Doch zuvor noch eine Anmerkung: Solange ich von der Ju 52 als Flugzeugtyp im Allgemeinen rede, verwende ich die Gegenwartsform. Sobald es aber um die D-AQUI geht, schreibe ich in der Vergangenheitsform.

Die Junkers Ju 52 ist ein dreimotoriger, freitragender *Tiefdecker* in Ganzmetallbauweise. Sie verfügt über ein nichteinziehbares *Spornrad-Fahrwerk* mit gebremsten Haupträdern. Die Tragflügel sind über die gesamte Spannweite mit Junkers-Doppelflügeln ausgerüstet, das Leitwerk verfügt über eine Höhen*flossentrimmung*. In den Tragflügeln befinden sich Kraftstoffbehälter, die nicht tragender Teil der Struktur sind.

Taufname „Berlin-Tempelhof", Namenszug „Reinhardt Abraham" und Denkmalplakette.

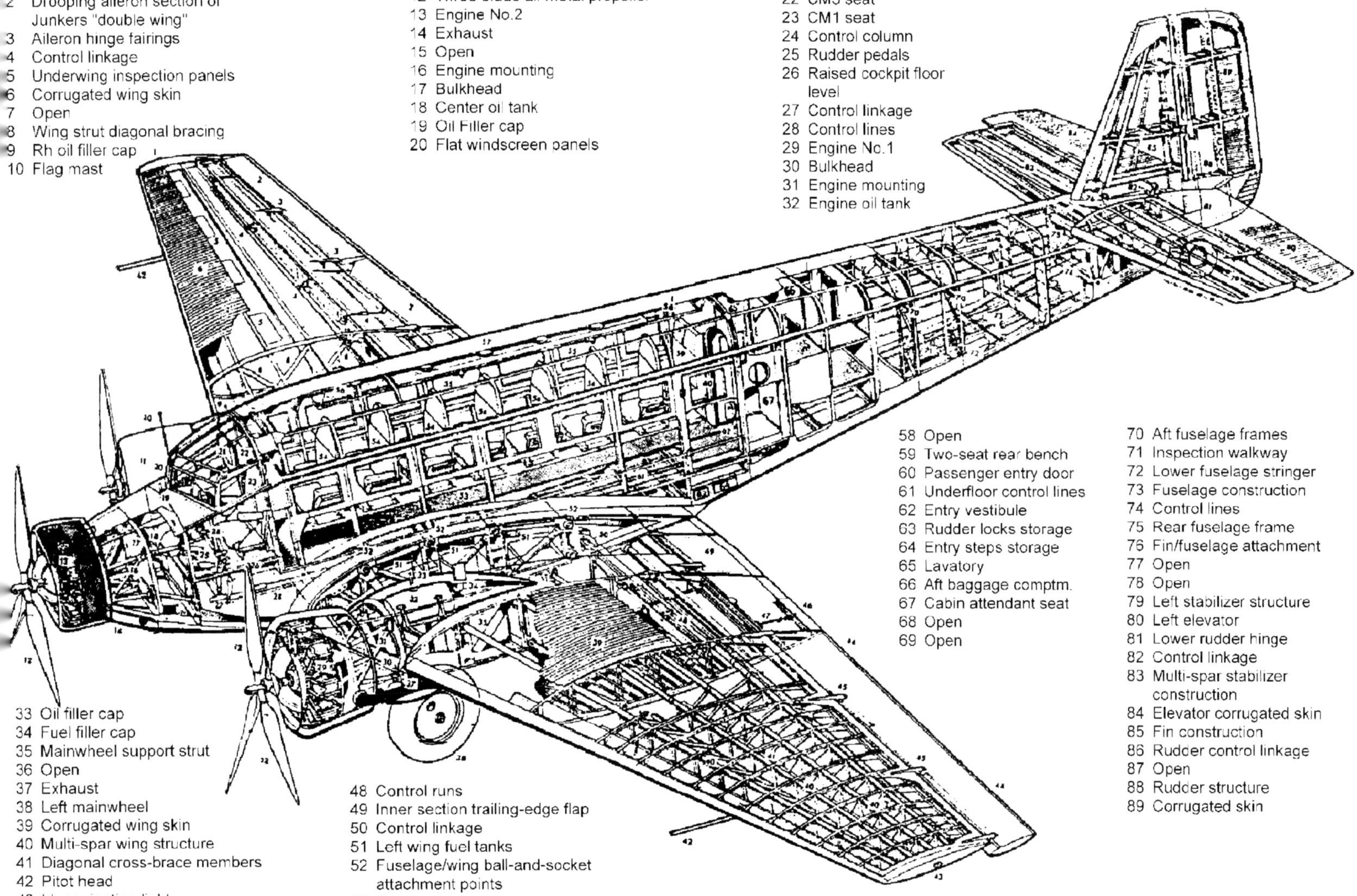

1 RH navigation light
2 Drooping aileron section of Junkers "double wing"
3 Aileron hinge fairings
4 Control linkage
5 Underwing inspection panels
6 Corrugated wing skin
7 Open
8 Wing strut diagonal bracing
9 Rh oil filler cap
10 Flag mast
11 Engine No.3 cowling
12 Three blade all metal propeller
13 Engine No.2
14 Exhaust
15 Open
16 Engine mounting
17 Bulkhead
18 Center oil tank
19 Oil Filler cap
20 Flat windscreen panels
21 CM2 seat
22 CM3 seat
23 CM1 seat
24 Control column
25 Rudder pedals
26 Raised cockpit floor level
27 Control linkage
28 Control lines
29 Engine No.1
30 Bulkhead
31 Engine mounting
32 Engine oil tank
33 Oil filler cap
34 Fuel filler cap
35 Mainwheel support strut
36 Open
37 Exhaust
38 Left mainwheel
39 Corrugated wing skin
40 Multi-spar wing structure
41 Diagonal cross-brace members
42 Pitot head
43 Lh navigation light
44 Drooping aileron section of Junkers "double wing"
45 Aileron hinge fairings
46 Trim tab
47 Tab control
48 Control runs
49 Inner section trailing-edge flap
50 Control linkage
51 Left wing fuel tanks
52 Fuselage/wing ball-and-socket attachment points
53 Centre aisle
54 Single-seat cabin arrangement
55 Upper fuselage stringer
56 Baggage rack
57 Ceiling lights
58 Open
59 Two-seat rear bench
60 Passenger entry door
61 Underfloor control lines
62 Entry vestibule
63 Rudder locks storage
64 Entry steps storage
65 Lavatory
66 Aft baggage comptm.
67 Cabin attendant seat
68 Open
69 Open
70 Aft fuselage frames
71 Inspection walkway
72 Lower fuselage stringer
73 Fuselage construction
74 Control lines
75 Rear fuselage frame
76 Fin/fuselage attachment
77 Open
78 Open
79 Left stabilizer structure
80 Left elevator
81 Lower rudder hinge
82 Control linkage
83 Multi-spar stabilizer construction
84 Elevator corrugated skin
85 Fin construction
86 Rudder control linkage
87 Open
88 Rudder structure
89 Corrugated skin

Aufbau der Ju 52.

Zellenaufbau

Rumpf, Tragwerk und Leitwerk bilden die Zelle eines Flugzeuges.

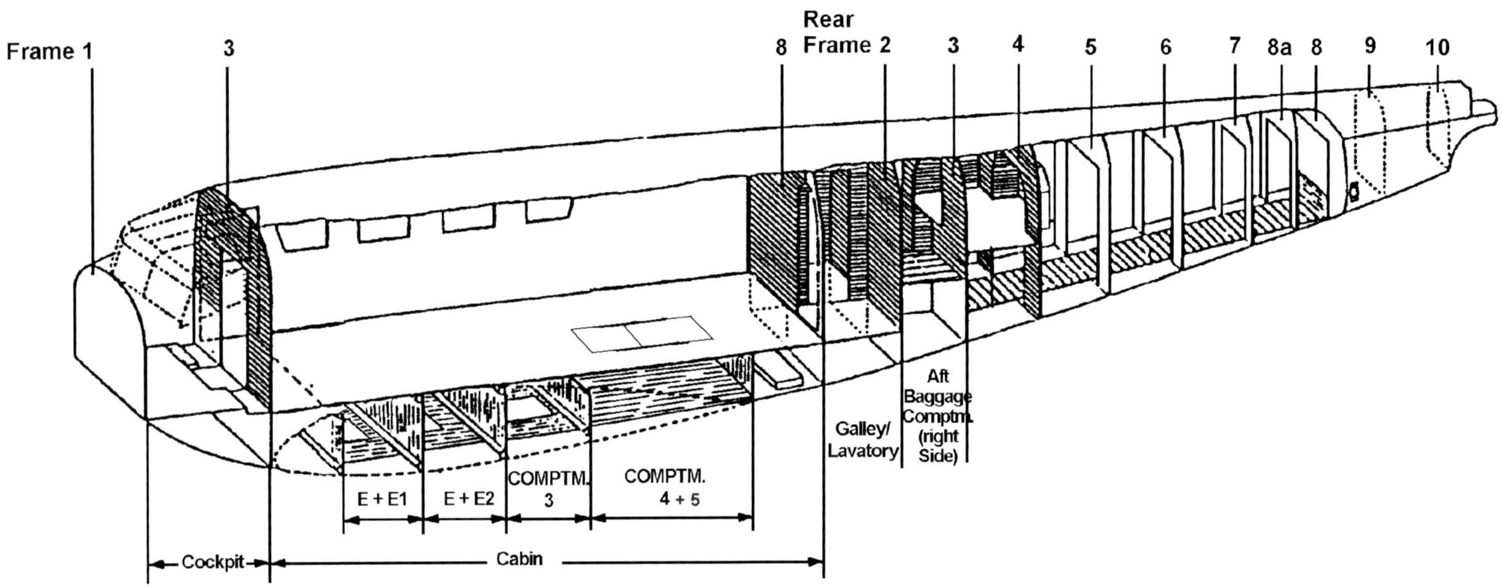

Rumpf der Ju 52.

Rumpf

Es handelt sich um eine Ganzmetallkonstruktion mit nahezu rechteckigem Querschnitt und tragender Wellblechbeplankung. Der Querschnitt mit geraden Seitenwänden schafft Platz im Rumpf, der den Passagieren ausreichend Bewegungsfreiheit und bei normalem Körpermaß auch Stehhöhe bietet, oder der für die Beladung von Fracht genutzt werden kann.

20 *Spante*, die in Längsrichtung des Flugzeuges hintereinanderstehen, jedoch nicht identische Abmessungen haben, werden im Wesentlichen von vier Trägern oder *Stringern* gegeneinandergehalten. Auf dieses Gerüst, das mit den unteren Trägern auch den Kabinenfußboden aufnimmt, ist die Beplankung aufgenietet. Die Wellen der Haut liegen dabei in Flugrichtung, so dass sie geringeren Strömungswiderstand bieten, vor allem aber durch ihren mechanischen Widerstand gegenüber Zug- und Druckkräften einer Biegung des Rumpfes in jedweder Richtung Widerstand entgegensetzen. Sie gehören damit zum tragenden Teil der Struktur.

Die Innenausstattung der Kabine der D-AQUI war unter Berücksichtigung der Bauvorschriften aus der Zeit der Restaurierung dem Erscheinungsbild der Passagiermaschinen der alten Luft Hansa nachempfunden, was in dieser Kombination nicht unwesentlich zur erheblichen Gewichtszunahme des Flugzeuges gegenüber der Originalausführung beitrug.

Die Kabine war mit 16 Ledersitzen ausgestattet, 14 Einzelsitze (als begehrte Fenster- und Gangplätze!!!) und eine zweisitzige „Kuschelbank" gegenüber der hinteren Eingangstür. Diese Bank konnte durch Abnehmen der Armlehne auch von Passagieren erreicht werden, die in ihrer Bewegungsfreiheit stark eingeschränkt sind.

Die Hauptzugangstür befand sich im hinteren, linken Bereich der Kabine und war über eine kleine, von außen anzustellende Treppe zu erreichen. Diese sogenannte Tür 1 L (links) war in einem Notfall durch einen hinter einer Abdeckklappe versteckten Hebel aus ihrer Angel lösbar und fiel dann nach außen, damit Passagiere und Besatzung das Flugzeug schnell verlassen konnten. Eine weitere Tür befand sich im vorderen, rechten Bereich. Diese Tür 1 R (rechts) diente sowohl als „Personaleingang" bei schon oder noch gefüllter Kabine als auch als Notausgang. Von dieser Tür führte der Evakuierungsweg über die rechte Tragfläche nach hinten. Der dritte Notausgang führte für die Cockpitbesatzung durch ein Schiebefenster im Glasdach der Kanzel nach oben auf den vorderen Rumpfteil.

Spanten, Stringer und Haut im Rumpf der Ju 52 (Bild aus der im Museum Sinsheim ausgestellten Ju 52).

Inneneinrichtung der Kabine der D-AQUI.

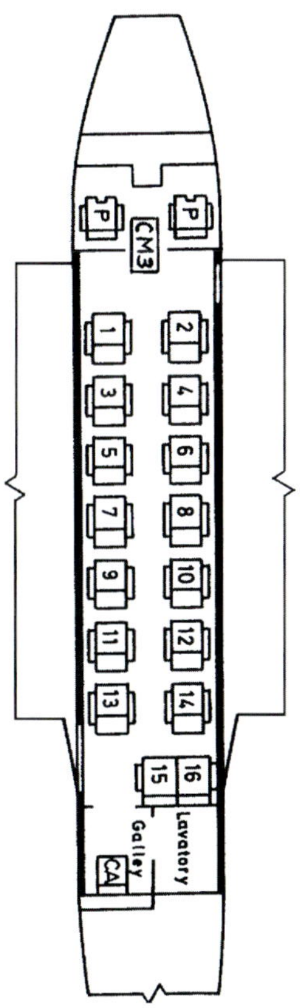

Sitzaufteilung in der Ju 52 D-AQUI.

Die „Kuschelbank“ im hinteren Teil der Kabine.

Hauptzugangstür 1 L im hinteren, linken Bereich der Kabine mit angestellter Treppe und eingehängtem Geländer.

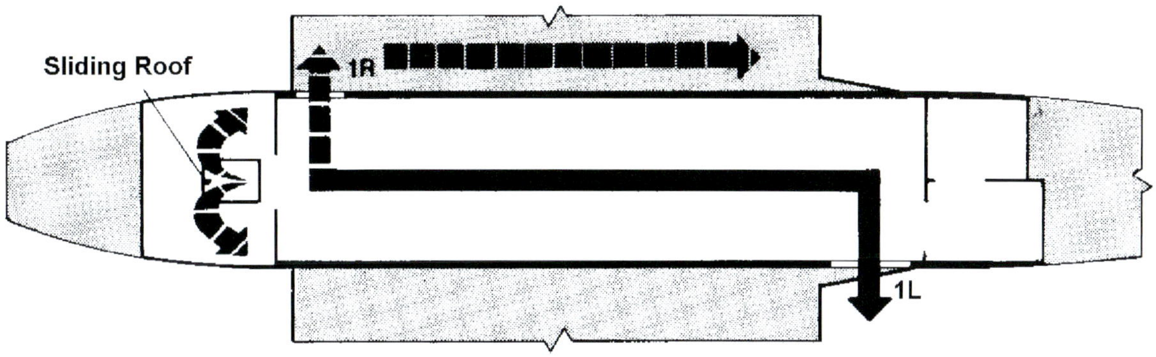

Evakuierungswege aus der D-AQUI. sliding roof = Schiebedach

Die Flugbegleiterstation hinter Tür 1 L.

Im hintersten linken Teil der Passagierkabine, also direkt hinter der Eingangstür 1 L , befand sich die Flugbegleiterstation, von der aus der FB vorschriftsgemäß die gesamte Passagierkabine einsehen konnte. Hinter und unter dem Sitz waren Notausrüstungsgegenstände und Kleinigkeiten für die Passagierbetreuung untergebracht. Rechts daneben befand sich ein Stauraum mit einer Nottoilette.

Die Fertigung des Rumpfes konnte vergleichsweise unkompliziert geschehen, die Beplankung ließ sich einfach aufnieten, und die Türen für Passagiere oder Fracht waren leicht zu integrieren.
Die Einstiegstür links unmittelbar hinter dem Flügel markiert das hintere Ende der Passagierkabine, der Rest des Rumpfes dient also eigentlich nur als Leitwerksträger, um durch seine Länge den notwendigen Hebelarm zur Erzeugung ausreichend großer Drehmomente durch die Flossen und Ruder zu bilden. Zwischen Einstiegstür und Leitwerk prangte in großen Lettern das historische Kennzeichen „D-AQUI" am Rumpf, das aber – mit freundlicher Genehmigung des Amtes – nur Element der Lackierung des Flugzeuges war. Das offizielle Zulassungskennzeichen „D-CDLH" lugte dagegen etwas verschämt unter dem Höhenleitwerk hervor. D stand natürlich für Deutschland, das C für die Kategorie des Flugzeuges (5,7–14 Tonnen maximale Abflugmasse) und DLH stand für die Stifterin. Am Funk meldeten wir uns meist formal korrekt mit **D**elta **C**harlie **D**elta **L**ima **H**otel, manchmal aber auch mit „Lufthansa Lima Hotel", „Junkers Lima Hotel" oder tatsächlich auch dann und wann einfach nur mit „Tante Ju". Es ist mir auch passiert, dass ein Lotse nach dem formal korrekten Erstanruf einfach mit „Hallo Tantchen" antwortete. Eine Verwechslung war ja eigentlich auch so gut wie ausgeschlossen.

Das historische Kennzeichen D – AQUI als Bemalung des Rumpfes.

Das Zulassungskennzeichen D-CDLH.

Tragflügel

Die Tragflügel werden von einem Holmgerüst aus acht Leichtmetallrohren mit Diagonalverstrebungen gebildet, die Beplankung, ebenfalls aus Wellblech, nimmt als tragendes Element der Struktur die Verdrehungskräfte (Torsion) auf, die durch die Luftkräfte am Flügel wirken.

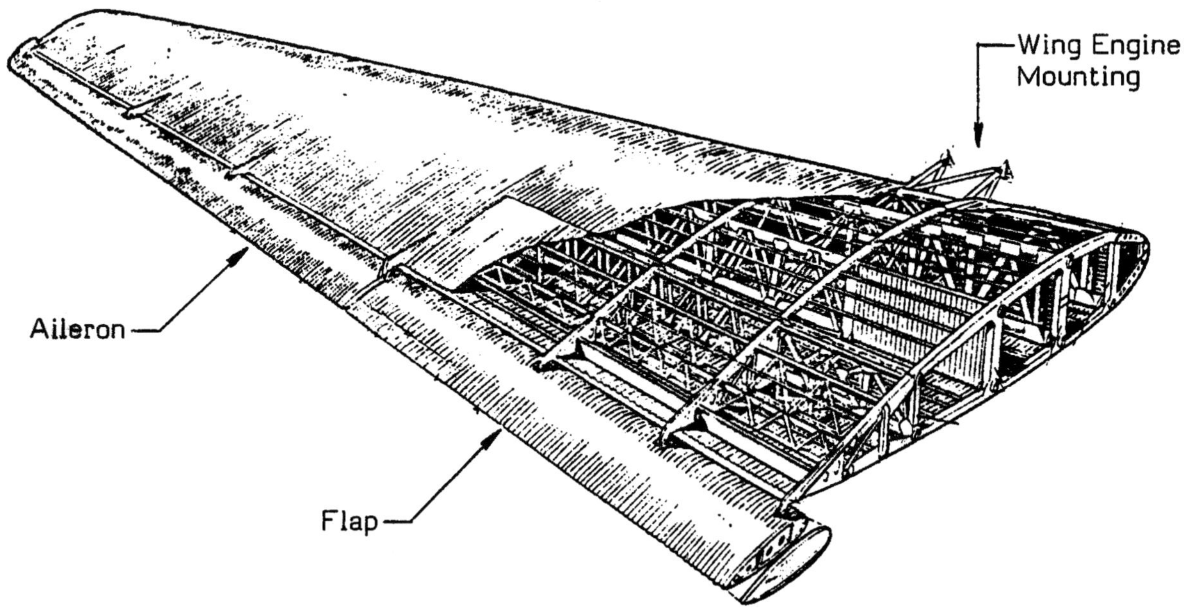

Flügelaufbau, hier linker Tragflügel.
aileron = Querruder; flap = Landeklappe; wing engine mounting = Träger für linken Motor

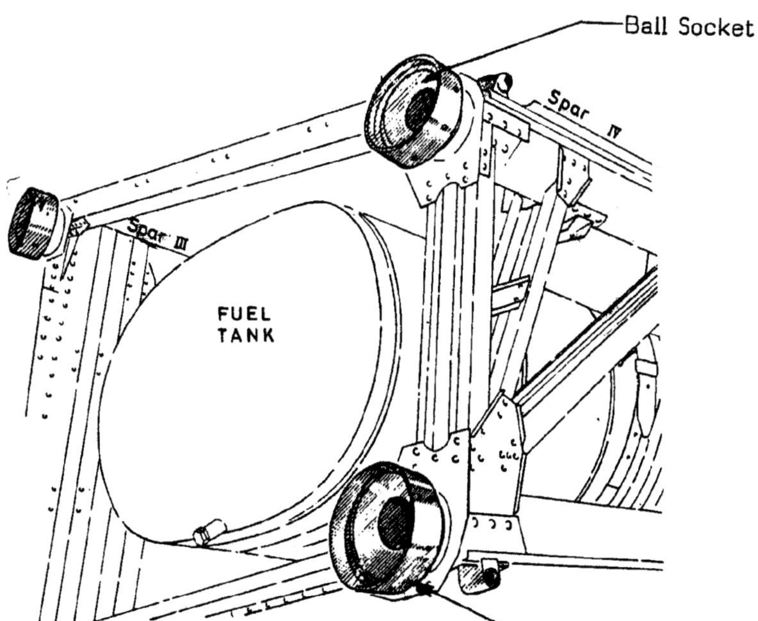

Die Flügel sind mit Überwurfmuttern an den Flügelkasten angeschraubt, so dass sie mit vergleichsweise geringem Aufwand montiert oder wieder gelöst werden können. Eisenbahntransportfähigkeit war damals auch ein Auslegungskriterium für das Flugzeug.

Auffällig ist die enorme *Flügeltiefe* von etwa 5,5 m an der Flächenwurzel. An der Flügelspitze beträgt sie hingegen 1,65 m, die Zuspitzung, das Verhältnis von Flügeltiefe an der Spitze zu der an der Wurzel beträgt mithin etwa 0,3. Durch diese Zuspitzung nimmt im Außenbereich des Flügels die Fläche und damit der erzeugte Auftrieb ab. Deswegen reduzieren sich die Durchbiegung des Flügels und die Stärke des von der Flächenspitze ausgehenden Randwirbels der Luftströmung.

Überwurfmuttern zur Befestigung der Flügel am Flügelmittelkasten.
fuel tank = Kraftstoffbehälter

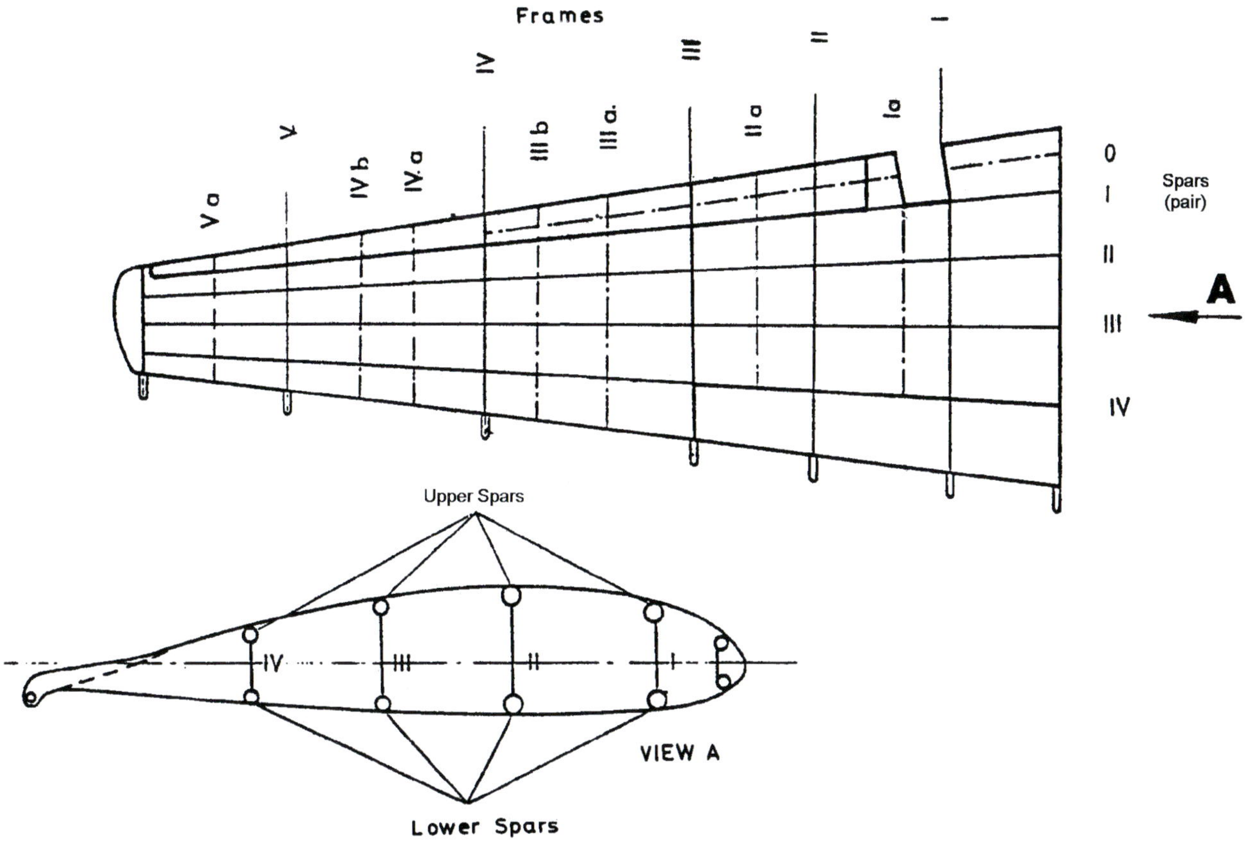

Hohe Zuspitzung des Tragflügels.

Der linke Tragflügel mit hoher Zuspitzung.

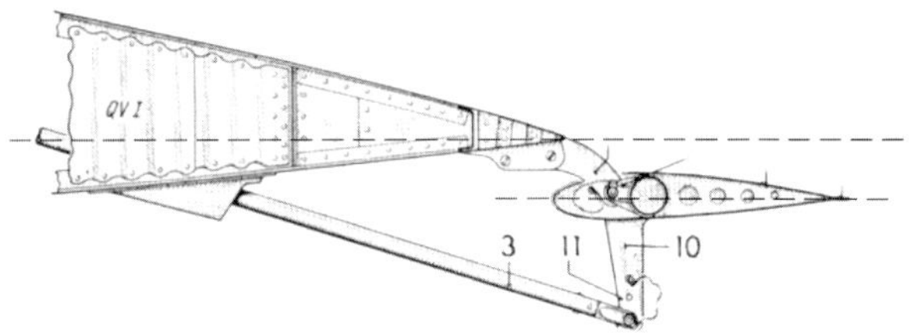

Junkers Doppelflügel als Höhen-, Querruder und Landeklappe.

Besonders auffällig ist aber die Auslegung als Junkers-Doppelflügel. Ein Junkers Doppelflügel besteht aus einem großen, vorne liegenden, festem Hauptflügel und einem kleinen, hinten liegenden, schwenkbarem Hilfsflügel. Beide sind eigenständige *Flügelprofile* und einander so zugeordnet, dass sie bei allen innerhalb des normalen Flugbereiches auftretenden *Anstellwinkeln* durch ihre wechselseitige Beeinflussung effektiv zusammenwirken. Dies geschieht durch Erscheinungen, die aerodynamischen Rückkoppelungen vergleichbar sind.

Insbesondere bei größeren Anstellwinkeln des Hilfsflügels beeinflusst die Druckverteilung auf dessen Oberseite durch eintretende Sogwirkung auch die Strömung auf der Oberseite des Hauptflügels so, dass sich der Unterdruck allerdings ohne eine nennenswerte Steigerung seines Maximalbetrages gleichmäßiger über die Profiltiefe nach hinten hin verteilt. Die Rückkoppelung wirkt also dadurch, dass sich der übliche Druckanstieg zum Profilende des Hauptflügels hin deutlich abschwächt. Der Anteil des Hauptflügels an der Auftriebserzeugung nimmt damit also stärker zu, als es der Gesamterhöhung des Auftriebs entspricht. Der Hilfsflügel selbst trägt relativ wenig zur Erhöhung des Gesamtauftriebs bei, und er ist deswegen auch weniger belastet, als es seiner Fläche und seinem Anstellwinkel entspricht.

Der Hilfsflügel liegt hinter dem Hauptflügel in einer durch diesen stark abgelenkten, aber dennoch vollkommenen Umströmung. Durch die Ablenkung der Strömung hinter dem Hauptflügel erfährt der Hilfsflügel einen sehr viel kleineren wahren Anstellwinkel, als es der geometrische vermuten lässt, und er kann deshalb auf sehr große geometrische Anstellwinkel gebracht werden.

Bei großem Anstellwinkel des Hilfsflügels kann also ein hoher Auftrieb erzeugt werden, ohne dass der Hauptflügel selbst in einen großen Anstellwinkel gebracht werden muss. Besonders große Auftriebserhöhung kann also <u>ohne</u> besonders große Anstellwinkel erreicht werden. Darin besteht der eigentliche Vorteil des Doppelflügels.

Der Widerstand eines gesamten Doppelflügels ist bei kleinen Anstellwinkeln des Hilfsflügels nicht höher als der eines gleichgroßen Normalflügels. Jedoch kann der auftriebsgleiche Doppelflügel eine um etwa 30% geringere *Profildicke* aufweisen, fällt damit leichter aus und bietet Vorteile beim Schnellflug mit kleinen Anstellwinkeln. Bei größeren Hilfsflügelanstellwinkeln entsteht jedoch recht hoher Widerstand, was steile Anflüge und kurze Landungen ermöglicht. Dabei treten, wie bei üblichen Klappensystemen auch, entsprechend große *kopflastige Momente* auf.

Diese Eigenschaften des Doppelflügels sind dafür verantwortlich, dass die optimale Stellung des Hilfsflügels nach Ausfall eines Motors +10° ist, und nicht wie bei „normalen" Flugzeugen die voll eingefahrene Stellung.

Teilt man den Hilfsflügel in einen inneren und einen äußeren Teil auf, lässt sich der äußere Teil zudem als Querruder verwenden.

Dabei bewirkt die durchgängig einheitliche Form der Hilfsflügel eine große Vereinfachung, da die Bauweise des Hauptflügels entlang der Spannweite gleichbleibt, und eine aufwändige und baulich anspruchsvollere Integration der Hilfsflügel in die eigentliche Struktur des Flügels nicht notwendig ist.

Bei der Ju 52 ist der Doppelflügel an den Tragflächen tatsächlich geteilt und wird im Außenbereich mit einem Anteil von 55% an seiner Gesamtlänge als Querruder und im verbleibenden inneren Bereich als Landeklappe verwendet, weswegen ich von jetzt an auch die Ausdrücke „Querruder" und „Landeklappe" verwenden werde.

Wird der innere Teil, die Landeklappe, vollständig auf einen Winkel von +40° ausgefahren, wird auch der äußere Teil, das Querruder, um 16° abgesenkt. Da der Hilfsflügel wie oben erwähnt auch im ausgefahrenen Zustand einen kleineren tatsächlichen als den rein geometrischen Anstellwinkel erfährt, bleibt die volle Querruderwirkung dabei erhalten. Gleichzeitig wird aber im Außenbereich des Flügels mehr Auftrieb erzeugt, wodurch sich der Randwirbel jetzt verstärkt und der *induzierte Widerstand* deutlich ansteigt, was in der Phase des Endanfluges durchaus erwünscht ist.

Die vorgenannten Eigenschaften des Doppelflügels, insbesondere der große mögliche Anstellwinkelbereich des Hilfsflügels, haben dazu geführt, dass auch das Höhenleitwerk der Ju als Doppelflügel ausgeführt ist.

Alle Ju's, die ab Werk als Wasserflugzeuge ausgeliefert wurden, verfügten über eine Enteisungsanlage an der Flügelvorderkante. Durch Aufnieten eines Bleches auf die Flügelnase wurde ein „Kanal" entlang der Profilvorderseite geschaffen, durch den heiße Luft (oder Motorabgase?) geblasen wurden. Bei der Grundüberholung der D-AQUI wurden diese Bleche entfernt.

Junkers-Doppelflügel als Landeklappe und Querruder.

Flügelkasten

Dieses schon gezeigte Bild zeigt den Flügelkasten, auf den der Rumpf aufgesetzt ist, und an den die Flügel angeschraubt sind. Dieser Kasten ist bei jedem konventionell gebauten Flugzeug der robusteste Teil der Zelle. Wegen der großen Flügeltiefe befindet sich beinah die gesamte Passagierkabine über dem Flügelkasten, wodurch die Insassen des Flugzeuges bei einer Bruchlandung gut geschützt sind. Viele Bilder notgelandeter oder abgeschossener Ju's zeigen, dass dieser Teil der Kabine immer recht wenig beschädigt wurde.

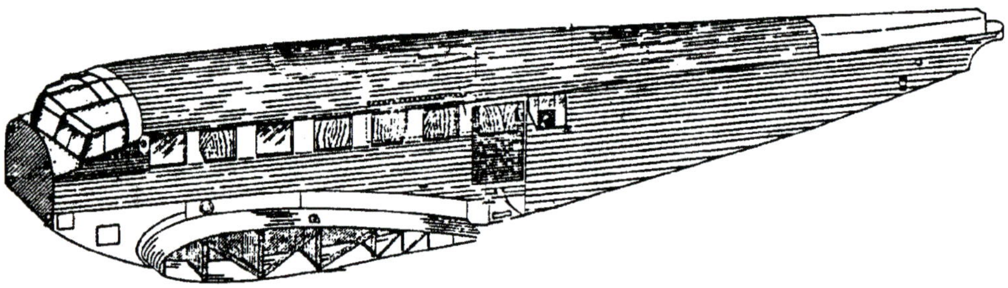

Flügelkasten

Abdeckblech über dem Flügelanschluss auf der rechten Rumpfseite.

Leitwerk und Steuerung

Das Höhenleitwerk verfügt, und das ist für ein so langsames Flugzeug außergewöhnlich, über eine Flossentrimmung. Das heißt, dass der *Einstellwinkel* des gesamten Höhenleitwerkes im Flug von der Besatzung verändert werden kann.

Eine solche Anordnung ist vorteilhaft, wenn durch das Ausfahren der Landeklappen ein stark kopflastiges Moment entsteht. Um ein solches Moment nur durch Höhenruderausschlag auszugleichen, müsste das Höhenruder relativ weit nach oben ausgeschlagen werden. Es bliebe dann nicht mehr viel Ruderweg übrig, um noch zusätzliche Manöver fliegen zu können, zumal die Steigerung der Wirksamkeit eines Ruders bei hohen Ausschlägen über etwa 25° hinaus deutlich abnimmt. Eine Verstellung der gesamten Höhenleitwerksflosse ist wegen dessen größerer Fläche wirkungsvoller. Verstellt wird die Flosse mit einem großen, hölzernen Rad an der rechten Seite des Kapitänssitzes, das für ihn mit der rechten Hand gut zu erreichen ist. Sollen die Landeklappen aus- oder eingefahren werden, wird mit einem Hebel unmittelbar neben dem Rad eine Kupplung eingerückt. Dann betätigt man mit dem Handrad weiterhin die Flossentrimmung und zusätzlich die Landeklappen. Durch eine passende Abstimmung ist es gelungen, die durch das Klappenfahren ausgelöste Lastigkeitsänderung auch mit auszugleichen. Das ist schlicht genial. Die Stellungen der Klappen und der Flosse werden an einem mechanischen Stellungsanzeiger an der linken Cockpitwand angezeigt.

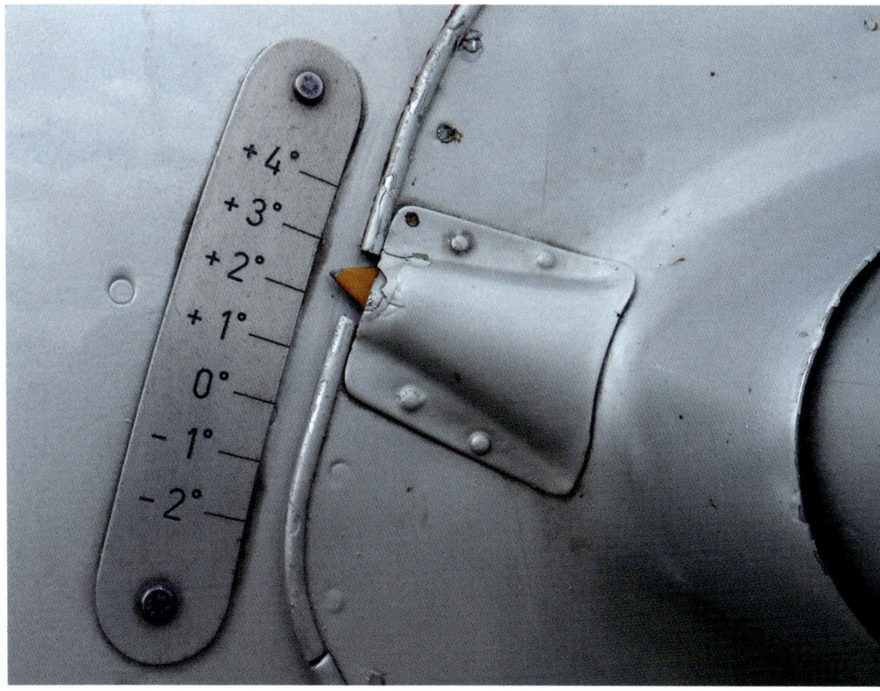

Höhenleitwerksflosse mit Gradskala.

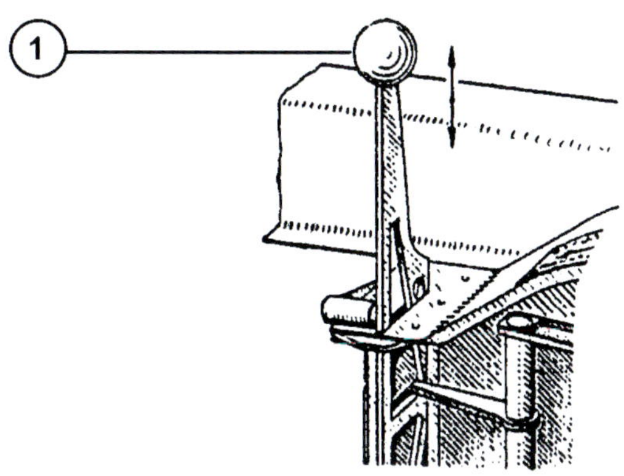

Einrückhebel für Landeklappenantrieb rechts vom Kapitänssitz.

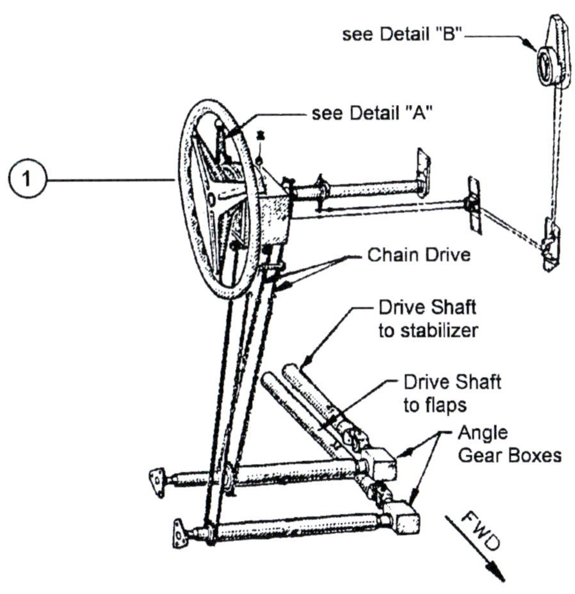

Handrad für Höhenflossen- und Landeklappenverstellung. Flossen(stabilizer)verstellung ist immer eingeschaltet. Landeklappen(flaps)verstellung wird bei Bedarf zugeschaltet.

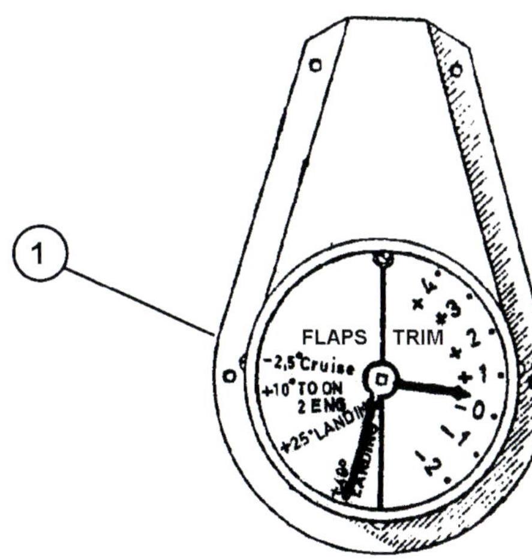

Stellungsanzeige für Höhenleitwerksflosse und Landeklappen an der Außenwand links vor dem Kapitän.

Anzeige für Stellung der Höhenleitwerksflosse und der Landeklappe an der linken Bordwand vor dem Sitz des Kapitäns.

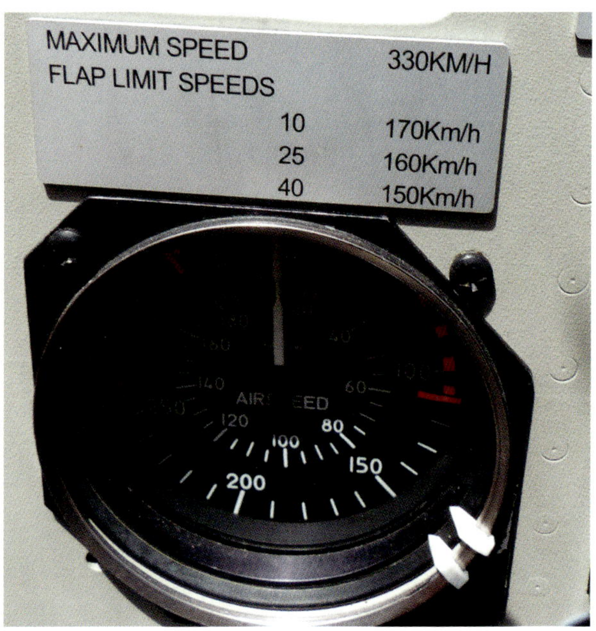

Hinweisschild mit den zulässigen Höchstgeschwindigkeiten in allen Konfigurationen.

Überschreitet man durch Unachtsamkeit die für eine Klappenstellung zulässige Höchstgeschwindigkeit, fahren die Klappen durch die Luftlasten gegen eine Feder im Antriebsmechanismus ein. Nachdem die Geschwindigkeit korrigiert und wieder auf den zulässigen Wert abgesunken ist, fahren sie dann auch selbsttätig wieder aus. Auto-trim und flap-load-relief (so heißt das heute) im Jahr 1932!

Die Flosse des Seitenleitwerks ist um 3° nach links gerichtet montiert, um verschiedene Effekte des Propellerantriebes auszugleichen. Dazu später (viel) mehr.

Am Seitenruder fällt auf, dass es über keine Trimmklappe verfügt, und das ist bei einem mehrmotorigen Flugzeug sehr ungewöhnlich. Kommt es zum Ausfall eines Flächenmotors, entsteht durch den asymmetrischen *Schub* ein starkes Drehmoment um die *Hochachse* des Flugzeuges, das durch Ausschlag des Seitenruders kompensiert werden muss. Aber auch dazu später mehr.

Die Seitenleitwerksflosse hat einen geringen Einstellwinkel von 3° nach links, im Bild nur bei genauem Hinsehen zu erkennen.

Motorträger

Dieses Bild zeigt den Motorträger des Mittelmotors, der für einen Sternmotor typisch ist. Vorne am Träger wird das Motorgehäuse angeschraubt, die Sicherungsseile verhindern bei Bruch des Trägers ein Abfallen des Motors und damit eine dramatische Schwerpunktverschiebung im Flug. Hinter dem Motor ist das Brandschott angebracht, das ein Übergreifen eines Feuers am Motor auf die Zelle verhindern soll.

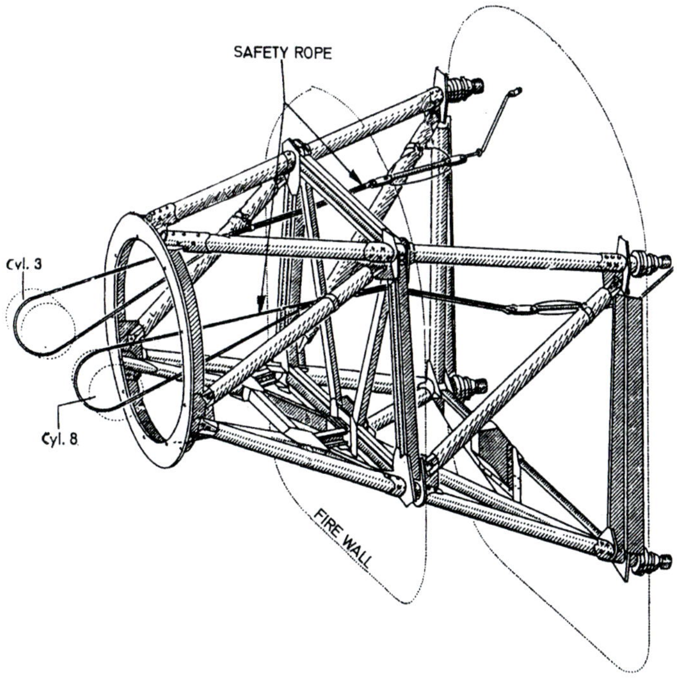

Motorträger des Mittelmotors.
safety rope = Sicherungsseil
fire wall = Brandschott

Blick auf den Mittelmotor von der linken Tragfläche aus.

Fahrwerk

Das Fahrwerk besteht aus zwei Fahrwerksbeinen für das Hauptfahrwerk und einem nicht lenkbaren aber in einem weiten Bereich frei drehbarem Spornrad, das in der Neutralstellung von außen mit einem massiven Bügel verriegelt werden kann. Jedes Hauptfahrwerksbein setzt sich aus einer seitlichen Strebe, die auch die Radachse aufnimmt, einem Federbein und einer Strebe, die das Fahrwerk in Längsrichtung abstützt, zusammen. Alle drei Teile sind am Flügelkasten gelagert und leiten die entstehenden Kräfte in diesen robustesten Teil des Flugzeuges ein.

Die Räder der D-AQUI waren nachgerüstet und stammten zunächst von der Curtiss C-46 und die Bremsen von der Noratlas, danach waren Räder und Reifen des Airbus A319 eingebaut, und die gaben unserer Ju mit ihrer Breite einen sehr sicheren Stand. Deren zulässige Rollgeschwindigkeit beträgt allerdings 195 Knoten (361 km/h), und damit war die D-AQUI wahrscheinlich das einzige Flugzeug der Welt, das schneller rollen durfte als es überhaupt fliegen konnte. Die Radbremsen wurden hydraulisch über die Fußspitzen der Seitenruderpedale betätigt. Sie verfügten über kein Anti-Blockier-System, und mussten deswegen sehr behutsam eingesetzt werden, wenn die Räder noch ohne große Last unmittelbar nach dem Aufsetzen den Boden berührten. Im Original sind wie auch noch bei der schon erwähnten, französischen F-AZJU die installierten Trommelbremsen luftdruckbetrieben und werden mit den Gashebeln bedient. Wenn man in diesem System den linken Gashebel des Motors 1 gegen eine Feder über die Leerlaufstellung hinaus nach hinten zieht, wird das linke Rad gebremst. Mit dem rechten Gashebel des Motors 3 wird das rechte Rad gebremst, und wenn man den mittleren Gashebel des Mittelmotors 2 benutzt, beide Radbremsen gleichzeitig. Ich habe 2003 die französische F-AZJU der „Amicale Jean Baptiste Salis" in La Ferte Alais, die mit diesem alten System ausgerüstet ist, eingeflogen und wusste seitdem die hydraulischen Bremsen der D-AQUI zu schätzen. Früher, als die Flugplätze noch Grasplätze und kreisrund waren, als man immer gegen den Wind starten und landen konnte und man sich nicht auf engen Rollwegen bewegen und dauernd anhalten musste, war das sicher kein Problem, solange man die Druckluftflasche nicht leerbremste. Aber beim Rollen auch auf engen Rollbahnen und mit Seitenwind, war es viel einfacher und sicherer, mit den Füßen auf den Seitenruderpedalen bremsen zu können.

Bei der AQUI wurde die Hydraulikpumpe mechanisch vom Mittelmotor angetrieben und erzeugte einen permanenten Druck von 1.000 psi (ca. 67 bar). Hätte die Pumpe oder der sie antreibende Mittelmotor seinen Dienst versagt, hätte eine elektrisch angetriebene Pumpe als Reserve bereitgestanden.

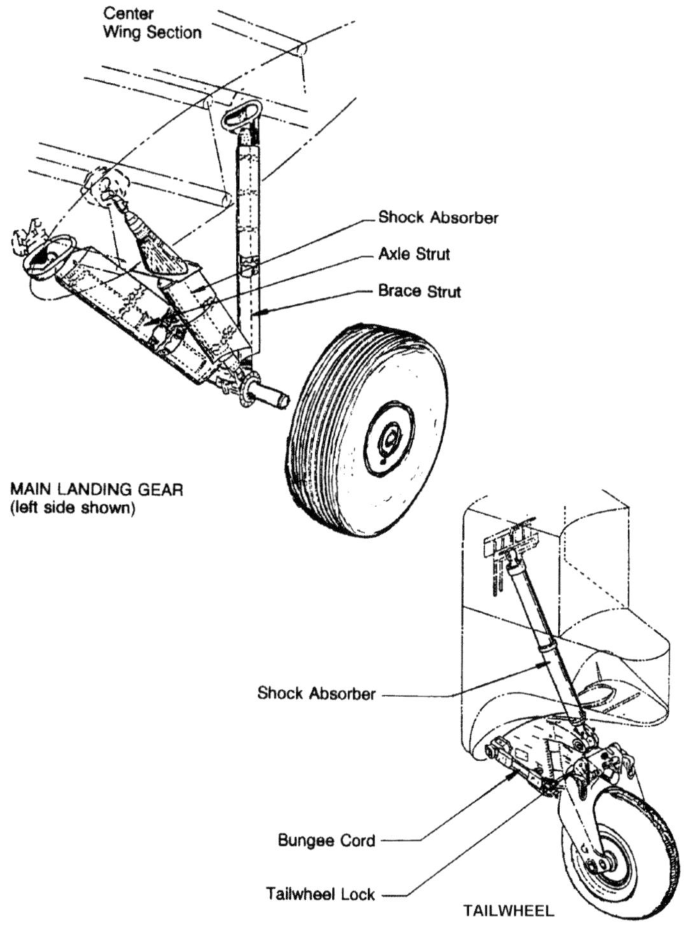

Hauptfahrwerk (links) und ungelenktes Spornrad
center wing section = Flügelkasten
shock absorber = Stoßdämpfer
axle strut = Abstützung für die Radachse
brace strut = Stützstrebe
bungee chord = Gummiseil
tailwheel lock = Verriegelung für das Spornrad

Hätte auch die ihren Dienst versagt, hätte ein Hydraulikakku noch ausreichend Druck geliefert, um sicher zum Stillstand zu kommen.

Das Hauptfahrwerk.

Das Spornrad entriegelt, die Gummizüge dienen der Stabilisierung in Geradeausstellung.

Das linke Hauptfahrwerk mit der Scheibenbremse und den Reifen des Airbus A319.

Motoren und Systeme der Ju 52

Die Ju 52/3m hatte in den meisten Fällen drei *Sternmotoren* von verschiedenen Herstellern mit Leistungen zwischen anfangs 550 und zuletzt 880 PS, es gab aber auch eine Variante mit Reihen-Dieselmotoren. Bei der alten Luft Hansa kamen meist BMW 132-Motoren zum Einsatz. Dieser Motor war eine eigene Weiterentwicklung des in Lizenz gebauten „Hornet“ von Pratt & Whitney.

Die D-AQUI flog seit ihrer Restaurierung in den Jahren 1985 und 1986 mit „WASP“ R 1340-Motoren von Pratt & Whitney. Dieser Motorentyp ist immer noch in großer Stückzahl verfügbar, so dass die Ersatzteilversorgung völlig unproblematisch war. Die verwendete Reihe war der P&W WASP R 1340 S1H1 G. Das ist ebenfalls ein Sternmotor (R für radial), der einen Hubraum von 1340 Kubik-Zoll (etwa 22 Liter) in neun Zylindern aufweist. Die Kurbelwelle treibt einen Radialverdichter als Lader an, der höchstzulässige *Ladedruck* beträgt 38 Zoll Quecksilbersäule, also ungefähr 1,3 bar. Bei der zulässigen Höchstdrehzahl von 2.250 Umdrehungen pro Minute erreicht dieses Triebwerk eine Höchstleistung von 600 PS. Die höchstzulässige Dauerleistung beträgt 550 PS bei einer Drehzahl von 2.200 min^{-1} und 35 Zoll Quecksilbersäule Ladedruck.

Das Verdichtungsverhältnis beträgt 6:1 und die Zündreihenfolge der mit je zwei unabhängig voneinander arbeitenden Kerzen versehenen Zylinder ist 1-3-5-7-9-2-4-6-8.

Der Propeller wird über ein *Untersetzungsplanetengetriebe*, daher das G in der Bezeichnung („gear“), mit 2/3 der Kurbelwellendrehzahl angetrieben.

Die Versorgung mit dem erforderlichen Kraftstoff-Luft-Gemisch erfolgt durch je einen Bendix Stromberg NA-Y9 E 1 Doppelkammer-Schwimmer-Vergaser. Dieser bemisst die Kraftstoffmenge in Abhängigkeit des Ansaugluftstromes und der Stellung der mit dem Gemischhebel verstellbaren Nadel. Vom Vergaser strömt die Luft in den Radialverdichter und von dort durch die Ansaugrohre und die Einlassventile in die Zylinder. Außerdem verfügt dieser Vergasertyp über eine Beschleunigerpumpe, die durch den Drosselklappenhebel betätigt wird, wenn zügig Gas gegeben wird. Ein zusätzliches Einspritzsystem stellt den oberen Zylindern 1, 2, 3, 8 und 9 zum Anlassen eine Extramenge Kraftstoff bereit, die zusammen mit der Luft in den Ansaugrohren und Zylindern bei kaltem Motor ein ausreichend fettes und damit zündfähiges Gemisch bildet.

Bei der Verdunstung von Kraftstoff entsteht Verdunstungskälte und im Ansaugtrakt kann es durch anfrierende Wassertröpfchen in der Ansaugluft zur gefürchteten Vergaservereisung kommen. Dann wächst der Ansaugtrakt langsam zu, es kommt keine Luft mehr durch, und der Motor verliert an Leistung oder geht gar aus. Um das zu verhindern, wird die Ansaugluft vorgewärmt. Warme Luft hat aber eine geringere Dichte, und der dadurch verminderte Luftmassendurchsatz senkt die Motorleistung. Die Ansaugluft muss also warm genug sein, um Vereisung zu verhindern, aber gleichzeitig kalt genug, um die Leistung zu erhalten. Vor dem Platz des Copiloten der D-AQUI befanden sich an der Unterseite seiner Konsole drei Handkurbeln und drei Ansauglufttemperaturanzeigegeräte. Durch Betätigen der Vorwärmung mit den Kurbeln konnte die Ansaugluft angemessen temperiert werden.

Als Propeller waren drei Pacific Prop Inc. 3D40/6631 A-9 Gleichdrehzahl-Propeller installiert, die in einem bestimmten Lastbereich eine eingestellte Drehzahl konstant halten. Durch eine Feder im Propellerdom werden die Blätter in große Steigung gedrückt, wodurch die Drehzahl sinkt. Durch den Motoröldruck, der auf einen Kolben im Dom wirkt, werden die Blätter in kleine Steigung gedreht, wodurch die Drehzahl dann ansteigt. Mit einem Verstellhebel wird dieser Ölfluss geregelt

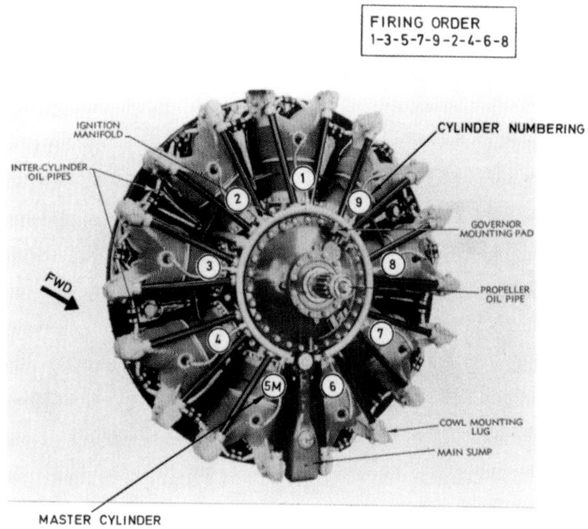

Pratt & Whitney „WASP“-Sternmotor mit Bezeichnung der Zylinder
ignition manifold = Schutztunnel für das Zündgeschirr
inter-cylinder oil pipes = Ölschläuche zwischen den Zylinder(köpfe)n
governor mounting pad = Montageplatte für den Drehzahlregler der Propeller
propeller oil pipe = Druckölleitung zum Propellerregler
cowl mounting lug = Anschlag für die Befestigung der Motorverkelidung
main sump = Sumpf zum Sammeln des Motoröles
master cylinder = Hauptzylinder
cylinder numbering = Numerierung der Zylinder

Mittelmotor mit Auspuffanlage.

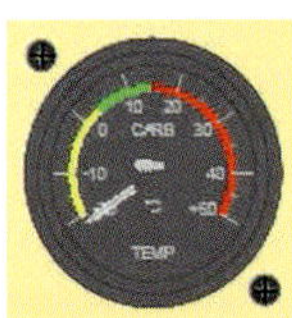

Ansauglufttemperaturanzeige (vor dem Copiloten an der Unterseite der Konsole).

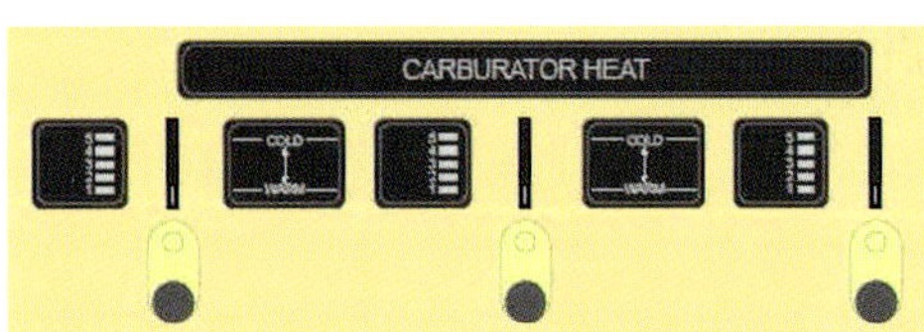

Mechanische Kurbeln und Stellungsanzeigen für die Ansaugluftvorwärmung.

und damit eine Drehzahl eingestellt. Ändert sich durch Öffnen oder Schließen der Vergaserdrossel der Verbrennungsdruck im Zylinder und in Folge das Drehmoment an der Kurbelwelle und der Propellerachse, variiert auch die Motordrehzahl. Ein Fliehkraftregler registriert diese beginnende Drehzahländerung und ändert daraufhin den Ölfluss in den Stellzylinder des Propellers so, dass die eingestellte Drehzahl durch Verdrehen der Propellerblätter beibehalten wird. Erst wenn die Blätter den Anschlag für die kleinste Steigung erreichen, fällt die Drehzahl ab, wenn die Drossel weiter geschlossen wird. Ein solcher „constant-speed-propeller“ bewirkt, dass die Propellerblätter immer unter dem günstigsten Anstellwinkel angeströmt werden und damit einen hohen *Propellerwirkungsgrad* erreichen. Tatsächlich liegen die Wirkungsgrade gut abgestimmter Propeller im Bereich von 80–85%. Bei Ausfall eines Motors und dem damit einhergehenden Öldruckabfall drückt die Feder im Dom zusammen mit den nach außen strebenden Fliehgewichten die Propellerblätter auf große Steigung, womit

Die Temperaturanzeige der Ansaugluft, die Handkurbeln zum Mischen mit vorgewärmter Luft und die Anzeigen für den Kraftstoffdruck vor dem Platz des Ersten Offiziers.

Die großen Dreiblattpropeller mit Untersetzungsplanetengetriebe, dem Dom für den Stellzylinder und den Fliehkraftgewichten, die die Blätter bei Abfall des Öldruckes zusammen mit einer Feder in große Steigung verstellen.

sich der Luftwiderstand des sich im Fahrtwind drehenden Propellers stark vermindert.

Seit 1991 hatte die D-AQUI den Getriebemotor, der notwendig wurde, um die Drehzahl und damit die *Blattspitzengeschwindigkeit* der größeren Dreiblattpropeller abzusenken. Die vorher installierten Zweiblattpropeller ohne Antrieb über ein Untersetzungsgetriebe erreichten bei 2.250 Umdrehungen an den Blattspitzen Überschallgeschwindigkeit und waren dabei sehr laut. Ich erinnere mich noch an den Schallpegel, der bei uns Piloten das Brustbein zum Schwingen brachte. Ihr Durchmesser war auch nicht viel größer als der der Motorgondeln, so dass sie keinen guten Vortriebswirkungsgrad erreichen konnten. Nach der Umrüstung auf die Dreiblattpropeller wurde das Flugzeug insgesamt deutlich leiser und die Flugleistungen besser – Tribut an die Zeiten.

Lassen Sie mich noch ein paar Anmerkungen zu den großen Sternmotoren der Ju machen, deren Bedienung eine hohe Aufmerksamkeit erfordert. Das beginnt damit, dass bei Sternmotoren mit auch nach unten hängenden Zylindern ein Volllaufen der Brennräume eben jener Zylinder mit Motoröl unangenehme Folgen haben kann. Erstens verölen die Kerzen dadurch und erzeugen dann natürlich auch keinen Zündfunken mehr. Zweitens kann aber ein vollgelaufener Brennraum einen Ölschlag verursachen, wenn der Kolben zum oberen Totpunkt strebt. Öl ist wie alle Flüssigkeiten nicht kompressibel, und wenn sich dort mehr Öl gesammelt hat, als es dem Volumen des Brennraumes entspricht, wird der Zylinderkopf durch den aufwärtsstrebenden Kolben abgesprengt. Deswegen wird jeder Motor zu Beginn des Anlassvorganges mit dem Starter oder aber von Hand ohne eingeschaltete Zündung durchgedreht, um festzustellen, ob sich im Brennraum Öl gesammelt hat. Ist das der Fall, müssen die Kerzen herausgeschraubt und das Öl abgelassen werden. Der Starter beim Pratt & Whitney-Motor verfügt über eine Rutschkupplung. Wenn der Druck auf den Kolbenboden wegen des Öles im Brennraum zu groß wird, kann der Starter den Motor nicht weiterdrehen, und Schäden werden vermieden.

Wenn so ein großer Sternmotor im Winter, Frühjahr oder Herbst richtig ausgekühlt ist, kondensiert der Kraftstoffanteil des *Kraftstoff-Luft-Gemisches* an den Wänden der langen Ansaugrohre wieder aus, und das Gemisch wird zu mager und damit zündunwillig. Da der Motor sich wegen des kalten Motoröles auch nur recht zäh drehen lässt, sind die ebenfalls kalten Batterien dann schnell erschöpft.

Das Anlassen des ersten Motors bei niedrigen Außentemperaturen war auch bei der D-AQUI immer ein wenig spannend und bedurfte eines feinen Händchens. Auch wenn die ersten Zündungen erfolgt waren, liefen die Motoren noch lange nicht rund, denn wegen der unterschiedlich langen Ansaugwege war die Zusammensetzung und damit Zündwilligkeit des Gemisches nicht bei allen Zylindern gleich. Man konnte förmlich hören, wie ein Zylinder nach dem anderen langsam „einstieg". Dann durfte man die Drosselklappen auch nicht gleich zu weit öffnen, denn der Motor konnte bei der noch niedrigen Drehzahl all die angebotene Gemischmenge nicht „verdauen" und hat manchmal „zurückgepatscht". Dabei entwich das unter hohem Druck stehende Altgas während der Überschneidungszeit der Ventile auch in den Ansaugtrakt. Der für diese Zone viel zu hohe Druck konnte dort allerlei Schäden anrichten. Das knallte zwar immer sehr eindrucksvoll, tat vielen Bauteilen im Motor aber gar nicht gut. Der erfahrene Piloteur achtete in dieser Phase darauf, dass der Ladedruck einen bestimmten Wert nicht überschritt. Erschwert wurde die ganze Prozedur dadurch, dass der Propeller beim Anlassen in großer Steigung stand, also bei einer Drehung viel Luftwiderstand erzeugte. Die Propellerblätter wurden wie schon erwähnt erst durch Motoröldruck in kleine Steigung gefahren, und wenn der Drehzahlwahlhebel nach dem Anlassen zu früh auf „hohe Drehzahl" gestellt wurde, verschwand das Motoröl, dem Weg des geringsten Widerstandes folgend, sofort im Stellzylinder des Propellers, statt die Lager des Motors zu schmieren.

Erst wenn der Öldruck den Mindestwert von 40 psi (etwa 2,6 bar) erreicht hatte, durfte der Drehzahlwahlhebel auf kleine Steigung gestellt werden. Mit fortschreitender Verstellung in Richtung kleiner Steigung hatte es der Motor immer leichter, den Propeller zu drehen, und die Drehzahl stieg allmählich an. Mit der Drehzahl sank der Ladedruck, und die Gefahr des Zurückpatschens nahm ab. Wenn man dabei gefühlvoll und behutsam vorging, erreichte der Motor bald eine Leerlaufdrehzahl von etwa 1.000 Umdrehungen pro Minute, die ausreichte, damit der zugehörige Generator eine ausreichende Spannung abgab, um die entkräfteten Batterien wieder aufzuladen. Lief der erste Motor erstmal rund, war das Wesentliche geschafft, denn die Stromversorgung für die beiden anderen Anlasser war dann sichergestellt.

Man konnte den Starter der Motoren auch betätigen, ohne dass die Zündung eingeschaltet war. „15 Blätter", bei drei Propellerblättern also fünf vollständige Umdrehungen des Propellers und damit siebeneinhalb des Motors empfahl der Hersteller, wenn der Motor länger als eine Stunde nicht gelaufen war. Nach dem Loslassen des Starterknopfes und wenn der Motor wieder stillstand, stellte man den Magnetschalter auf die Stellung „both" (beide Magneten) und drückte ihn hinunter, wodurch Kraftstoff in die Brennräume der oberen Zylinder eingespritzt wurde. Gleichzeitig wurde vom Flugingenieur die mechanische Kraftstoffpumpe betätigt, um Brennstoffdruck aufzubauen. Dann wurde durch Weiterdrehen des Magnetschalters der Starter betätigt, und der Motor erwachte im Normalfall allmählich zum Leben.

Im Laufe der Jahre und mit zunehmender Erfahrung hatte sich daneben ein anders Verfahren erfolgreich etabliert. Der Ingenieur baute mit der Handpumpe Kraftstoffdruck auf, während der Kapitän den Anlasser für die 15 Blätter ohne Zündung betätigte. Dabei wurde die Drosselklappe dreimal schnell geöffnet und geschlossen, wodurch die Beschleunigerpumpe des Vergasers betätigt wurde. Anschließend wurde die Drosselklappe wieder fast vollständig geschlossen, und in die Drehung des Motors hinein der Magnetschalter auf „both" geschaltet. Ich persönlich zog dieses Verfahren eindeutig vor, da offenbar alle 9 Zylinder mit ausreichend zündfähigem Gemisch versorgt wurden, der Motor sofort ansprang und schnell rund lief. Ganz

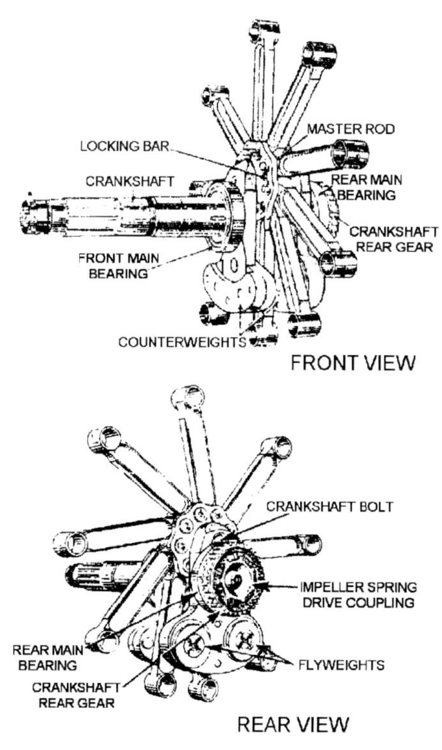

Haupt- und Hilfspleul.

genaue Brennstoffmenge festzustellen.

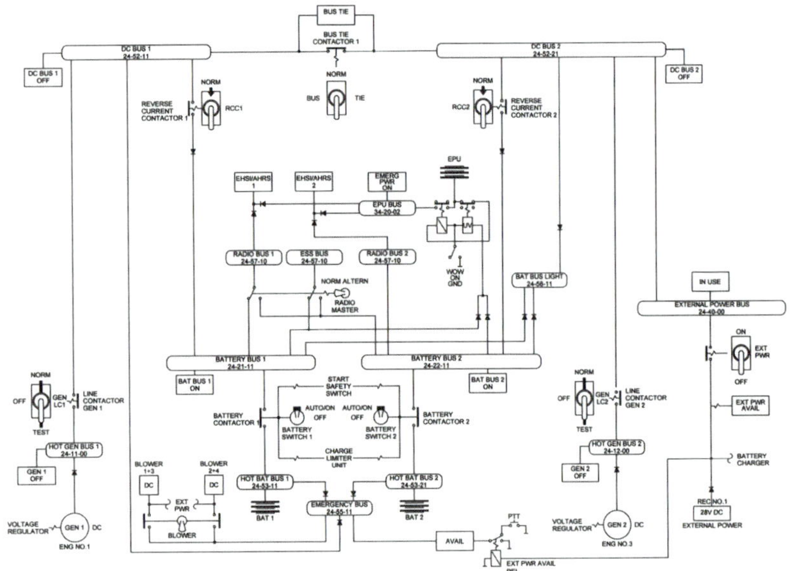

Elektrisches System der D-AQUI.

Elektrisches System

Das elektrische System der D-AQUI war recht kompliziert, und hatte mit dem originalen eigentlich gar nichts mehr gemein. Da die Tante auch für Flüge nach Instrumentenflugregeln zugelassen war, musste eine hohe Redundanz gewährleistet sein. Das 28V-Gleichspannungsnetz hatte eine linke und eine rechte Hälfte, die von je einer Batterie oder einem Generator versorgt wurden. Bei auftretenden Problemen konnten die Hälften verbunden oder getrennt und weitere Sammelschienen isoliert werden, um einen Fehler einzukreisen. Dabei war sichergestellt, dass die Mindestausrüstung für den Blindflug weiterhin funktionierte. Wenigstens einem der beiden Piloten standen in einem solchen Fall alle notwendigen Anzeigen zur Verfügung, um das Flugzeug auch „im Dreck" weiterhin sicher fliegen zu können. Die Schalttafel für das elektrische System befand sich zusammen mit den Sicherungsleisten über dem Durchgang zur Kanzel an deren Rückwand.

Elektrische Schalttafel und Sicherungsleisten an der Rückwand der Kanzel über dem Durchgang zur Kabine.

Pitot-Statiksystem

Für die Anzeigen der Geschwindigkeit, der Flughöhe und der Steig- oder Sinkgeschwindigkeit war ein *Pitot-Statiksystem* installiert. An den Außenflügeln beider Seiten ragte je ein Trägerrohr weit vor den Staupunkt aus der Anströmung heraus, das die Einlassöffnungen für Total- und Statikdruck beherbergte. Unter Vereisungsbedingungen konnten die Rohre elektrisch beheizt werden.

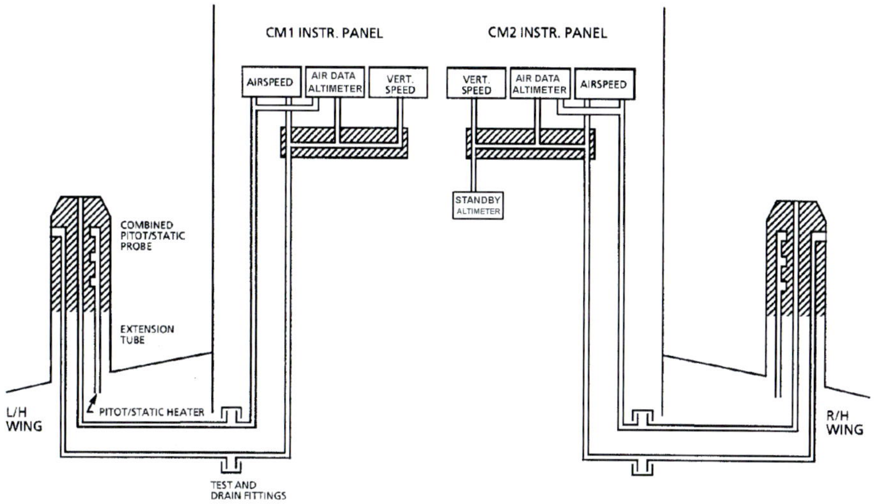

Pitot-Statiksystem der D-AQUI.

Das Pitotrohr an der linken Tragfläche, das an den Seiten zudem die Messstellen für den statischen Luftdruck aufnimmt.

Avionic-Ausrüstung

Die Flugfunk- und Navigationsausrüstung der Ju war nach der letzten Anpassung an die Erfordernisse der Flugsicherungsausrüstungsverordnung hochmodern. Zwei VHF (UKW)-Funkgeräte mit 8,33 kHz-Rasterung, zwei VHF-Navigationsgeräte (VOR), ein *Flugmanagementsystem* FMS mit GPS-Empfänger und Kartendarstellung, ein *Transponder* (Sekundärradarantwortgerät) mit *Mode A, C und S*, ein Bodenannäherungswarnsystem *EGPWS*, ein Zusammenstoßwarnsystem *TCAS* und ein power-*Flarm* zur Warnung vor Segelfliegern waren zuletzt installiert. Mit dem FMS ließen sich sogar Instrumentenanflüge programmieren und fliegen.

Die Details will ich hier nicht weiter ausführen, denn sie sind an sich heutzutage nichts Besonderes. Früher konnte die Ju auf jeder Wiese landen, am Schluss konnte sie das auch im Blindflug.

VHF very high frequency = Ultrakurzwelle
FMS = flight management system
VOR = very high frequency omnidirectional radio range
EGPWS = enhanced ground proximity warning system
TCAS = traffic collision and avoiding system
Flarm = Kollisionswarngerät für Kleinflugzeuge (auf GPS Daten basierend)

Ich will am Ende dieser kurzen Einführung in den technischen Aufbau der Junkers Ju 52/3m daran erinnern, dass dies ein Buch über ihre Flugeigenschaften und ihre Steuerung und nicht über ihren Aufbau in allen Details werden soll. Deswegen will ich diesen Abschnitt mit einer Gesamtansicht der Flugzeugführerkanzel und einer Zusammenfassung der wichtigsten technischen Daten abschließen. Das eine oder andere Detail wird im späteren Kontext noch zu ergänzen sein.

Die modernen Avionic-Geräte und die Schalter für Innen- und Außenlichter.

Übersicht Flugzeugführerkanzel.

Daten der D-AQUI

Spannweite	29,25 m
Länge	18,90 m
Flügelfläche	110,5 m²
Streckung	7,74
Zuspitzung	0,3
Hochauftriebshilfen	Junkers-Doppelflügel
Betriebsleermasse	8.140 kg
maximale Abflugmasse	10.500 kg
maximale Landemasse	10.500 kg
Motoren	Pratt & Whitney 1340 S1H1-G
Propeller	Pacific Prop Inc. 3D40/6631 A-9, Dreiblatt-, Gleichdrehzahlpropeller, 3,30 m Durchmesser
Generatoren	zwei 28V-Gleichstrom an Motor 1 und 3
Hydrauliksystem	für Radbremsen, Pumpenantrieb Motor 2
Funk- / Navigationsausrüstung	2 UKW-Sprechfunkgeräte VHF-Com, 2 UKW-Navigationspeiler VOR, 1 Transponder Modi A / C / S, 1 Flug Management-System, 1 TCAS (Zusammenstoßwarngerät), 1 Flarm (Anzeige von Segelflugzeugen), 1 Boden- / Hinderniswarngerät
Besatzung	2 Piloten, 1 Bordingenieur, 1 Flugbegleiter
Passagiere	16

Wir nähern uns jetzt dem Flugzeug – die Dreiseitenansicht, die Außenkontrolle, und was wir dabei entdecken können

Nähern wir uns also nun dem Flugzeug so, wie ein erfahrener Pilot es tut. Wenn ich wir sage, dann meine ich Sie, liebe Leserinnen und Leser, und mich. Schlüpfen Sie also mit mir in die Rolle des Kapitäns und lassen Sie uns gemeinsam einen langsamen Walzer mit der alten Dame tanzen.

Um eine Vorstellung von den Eigenschaften der Ju zu bekommen, wollen wir gemeinsam ihre Bauart, ihre Abmessungen und ihre Proportionen zunächst auf dem Papier studieren. Sie geben uns zuverlässig erste Hinweise auf das Einsatzspektrum und das zu erwartende Flugverhalten.

Dabei stellen wir fest, dass die Ju 52 mit ihrer Spannweite von 29,25 m die erste Generation der Boeing 737, die eine Spannweite von 28,35 m aufweist, um fast 1 m überragt, und auch die Flügelfläche erreicht mit 110,5 m^2 ähnliche Werte wie beim „Bobby" mit 102 m^2.

Da die Tante Ju aber lediglich eine maximale Abflugmasse von 10.500 kg hat (Boeing 737 in der betrachteten Version: 50.900 kg), erreicht ihre maximale *Flächenbelastung* nur den sehr bescheidenen Höchstwert von 95 kg/m^2. Zum Vergleich: Boeing 737-200: 499 kg/m^2! Damit können wir eine erste Aussage über das Einsatzspektrum der Ju 52 machen. Sie ist, zumindest in Bezug auf ihre Größe, ein doch eher langsames Flugzeug. Lassen Sie uns einmal gemeinsam einen Blick auf die Flächenbelastungen einiger anderer Flugzeuge werfen.

Vergleichswerte von Flächenbelastungen bei maximaler Abflugmasse:

Segelflugzeug Bergfalke II	25 kg/m^2
Segelflugzeug Discus 2 b	35 kg/m^2
Motorflugzeug Cessna 172	65 kg/m^2
Regionalflugzeug Fokker 50	329 kg/m^2
Verkehrsflugzeug A320	615 kg/m^2
Verkehrsflugzeug MD-11F	843 kg/m^2
Verkehrsflugzeug A380	660 kg/m^2
Kampfflugzeug F-104	723 kg/m^2

Wir erkennen, dass unsere Ju unter den aufgelisteten Beispielen der Cessna 172 am nächsten kommt, und das bestätigt sich auch beim Blick auf das Spektrum normaler Einsatzgeschwindigkeiten. Es liegt im Normalbetrieb zwischen

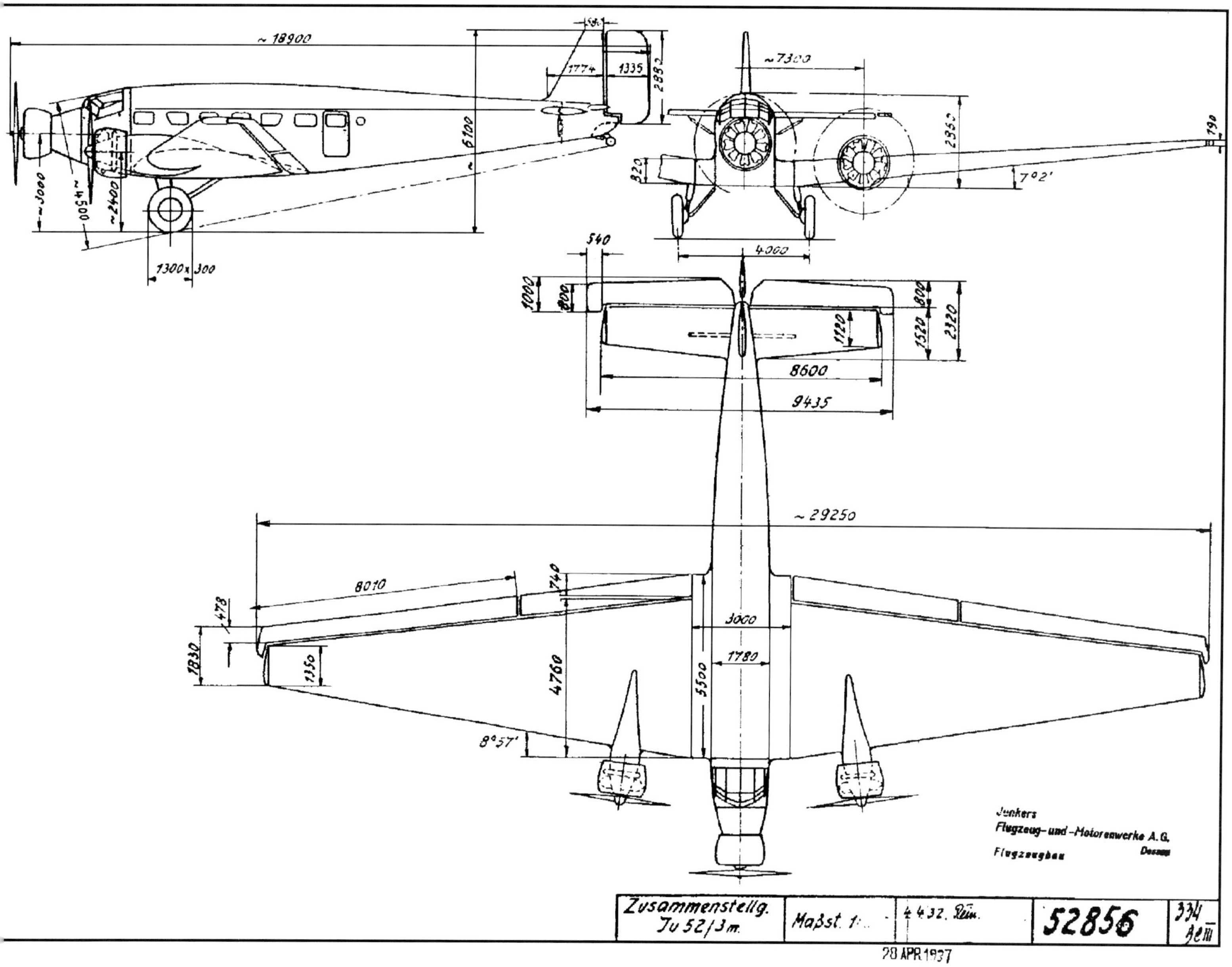

Abmessungen Ju 52.

120 km/h *angezeigter Geschwindigkeit* als Mindest- und etwa 220 km/h als Höchstgeschwindigkeit im Horizontalflug, die mit unserer recht schweren D-AQUI jedoch nur erreicht werden können, wenn das Flugzeug leicht beladen ist und eine hohe Leistungseinstellung gewählt wird. Mit leerem Flugzeug und Motoren auf Steigleistung können im Langsamflug auch mal 100 km/h angezeigter Geschwindigkeit als *Mindestgeschwindigkeit* erflogen werden, aber dann wird es selbst der Ju zu langsam, und sie mag nicht mehr fliegen. So richtig wohl fühlt sie sich bei 180–190 km/h, und das ist auch der Bereich der normalen Reisefluggeschwindigkeit von etwa 100 Knoten. Der grüne Bereich auf dem Fahrtmesser reicht von 110–249 km/h, das entspricht einem Verhältnis von lediglich 2,26:1, was uns auch anzeigt, dass das Flugzeug in einem eher engen Bereich von Fluggeschwindigkeiten betrieben wird.

Gegenüber der gewaltigen Spannweite erkennen wir eine vergleichsweise geringe Gesamtlänge, die mit 18,90 m nur etwa 65% der Spannweite ausmacht.

Auch hier wieder die zugehörigen Vergleichswerte der anderen, schon genannten Flugzeuge.

Deutlich erkennbar ist die im Verhältnis zur Länge enorme Spannweite der Ju 52, sowie das im Verhältnis zur Fläche der Seitenruderflosse große Seitenruder.

Eurowings

Ölstandanzeige Motor 1 (linke Fläche).

Ölstandanzeige Motor 2 (Mitte) mit Halterung für die Beleuchtung.

über die Flügelvorderkante steil bergab, und nach hinten ist es schwer, nicht allzu viel Schwung aufzuholen, wenn man sich nicht am Geländer, das an den Rumpf montiert ist, festhält. Wir treten über (nicht auf!) die Abdeckung des Übergangsspaltes zwischen Flügelkasten und Tragfläche hinweg zum Motor 3. Oben auf der Gondel befinden sich die Anzeigen für den Füllstand der rechten Tanks und des Ölvorrats des Motors. Im vorderen Teil der Gondel befindet sich der Nachfülldeckel für das Motoröl. Wir öffnen ihn und können auf einer innen fest montierten Messlatte den Pegelstand ablesen. 30 Liter plus fünf Liter pro geplanter Flugstunde ist der Mindestwert. Das Volumen eines Öltanks beträgt 60 Liter. Am hinteren Teil der Motorgondel befindet sich unter einem weiteren Handlochdeckel der Tankstutzen für die rechten Tanks und der zugehörige Peilstab. Mit einem Vierkantschlüssel, der im Bodenfach unter dem Copilotensitz verstaut ist, lässt sich zum Betanken ein Entlüftungsventil öffnen.

Abdeckung über dem Flügelanschluss an den Rumpf (rechte Seite).

Wo immer die Ju auftaucht, ist sie schnell von Schaulustigen umstellt.

D-CDLH

Wir nehmen im Cockpit Platz

Klettern wir zurück ins Flugzeug und begeben uns weiter nach vorne in die Kanzel. Wieder ist eine tiefe Verbeugung vor der alten Dame notwendig, um in das „Gewächshaus“ eintreten zu können. Nach dem Aufrichten bietet sich uns ein toller Rundumblick, denn die seitliche Verglasung endet hinter den Köpfen der Piloten, und auch die Decke der Kanzel bietet freien Blick in den Himmel. Bei schönem Wetter ist das Schiebefenster im Dach wahrscheinlich vollständig geöffnet, denn, wie der Spitzname „Gewächshaus“ schon nahelegt, es kann hier bei Sonnenschein ganz schön warm werden. Unser Blick nach vorne trifft zuerst auf den an Gummibändern aufgehängten Magnetkompass, dann außerhalb auf den

Der Magnetkompass mit Deviationstabelle an Gummibändern aufgehängt – das einzige Instrument, das nicht vibriert. Er zeigt nur richtig an, wenn alle mit Gleichstrom betriebenen Geräte eingeschaltet sind („ALL DC EQPMT ON“).

Blick von der linken Tragfläche auf das vollständige Instrumentenbrett.

Triebwerksinstrumente und Bedienhebel in der Mitte des Instrumentenbrettes.
oberste Reihe: Ladedruckanzeige
zweite Reihe: Motordrehzahlanzeige
dritte Reihe: Abgas- und Zylinderkopftemperaturanzeige
letzte Reihe: Öldruck und Öltemperatur jeweils für Motor 1, 2, 3

Mittelkonsole im schwarzen Feld:
Schalter und Kontrollleuchte für elektrische Kraftstoff- und Hydraulikpumpe
Auslöseschalter mit Abdeckkappe für Triebwerksfeuerlöscher mit Kontrollleuchten
Testschalter für Triebwerkslöschanlage mit grünen Kontrolllämpchen
Darunter:
Sicherheitsschalter für die Anlasser
Anlasser- und Magnetschalter
Hebel mit gelben Knöpfen für Propellerverstellung, mit roten Knöpfen für Brennstoff- und Ölhähne, mit schwarzen Knöpfen für die Drosselklappen (Ladedruck), mit orangenen Knöpfen (nicht sichtbar) für Gemischregulierung und mit weißem Knopf (nicht sichtbar) für Tankauswahl.

Ölstandsanzeiger des Mittelmotors und zuletzt auf den Mittelmotor und den Propeller. Dabei bestätigt sich unsere Erwartung, dass der Raum vor dem Flugzeug für ein Spornradflugzeug recht gut einzusehen ist. Zu beiden Seiten sind die Flächenmotoren gut sichtbar und die Tragflächen können fast ganz überblickt werden.

Schauen wir auf die Instrumentenbretter und beginnen damit vor den beiden Piloten. Wie heute bei größeren, mehrmotorigen Flugzeugen mit einer Besatzung von zwei Flugzeugführern üblich, sind deren Anzeigen nahezu identisch. Das war früher natürlich ganz anders, als die Besatzung aus einem Flugzeugführer und einem Funkermaschinisten bestand.

In der Mitte des Instrumentenbrettes finden wir die Anzeigen für die Motoren, in der Konsole darunter die verschiedenen Bedienhebel und wiederum darunter die Funk- und Navigationsausrüstung sowie die Schalter für die verschiedenen Lampen und Zeichen.

Bevor wir uns im linken Sitz des Kommandanten niederlassen, wollen wir die Sitze der anderen beiden Offiziere ausprobieren. Den des Flugingenieurs haben wir noch gar nicht so recht wahrgenommen, denn seine Sitzfläche hängt am linken Türrahmen herunter und muss erst hochgeklappt werden. Die Rückenlehne finden wir an die Rückseite der linken Cockpitwand gelehnt und müssen sie von der Kabinenseite her einstecken. Dann erst können wir uns setzen. Der Blick nach vorne geht nun mitten auf das Instrumentenbrett und die verschiedenen Stellhebel. Von der Außenwelt bekommt man von hier zumindest am Boden noch nicht viel mit, aber das ist mit den Aufgaben des FI durchaus kompatibel. Wir entdecken die Becken- und Schultergurte und finden am Ende einen vollständig ausgestatteten Sitz vor.

Wechseln wir in den Sitz des Copiloten. Hier ist es schon deutlich bequemer. Allerdings muss man wegen der senkrecht stehenden Rückenlehne doch sehr gerade sitzen. Das Steuerhorn ist gut zu erreichen, und die Füße ruhen bequem in den Seitenruderpedalen. Der Blick auf die Instrumententafel ist durch das hölzerne Steuerrad mit seinen drei Speichen nur wenig eingeschränkt, die Aussparung im oberen Teil ist sinnvoll. Die Bedienhebel an der Mittelkonsole sind im rechten Bereich gut zu erreichen, um an die links liegenden heranzureichen, müssen wir das Handgelenk dann schon deutlich nach innen verdrehen. Das große, ebenfalls hölzerne Rad für die Verstellung der Flossentrimmung und Landeklappen ist von hier aus schlecht zu bedienen, da es weit entfernt und tief liegt.

Lassen Sie mich Ihnen an dieser Stelle noch etwas zur „Evolution“ der Seitenruderpedale für den Copiloten erzählen. Ursprünglich waren das zwei einfache Fußstützen, die auf eine Stange montiert waren. Wenn man das Seitenruder austrat, verringerte sich der wirksame Hebelarm der Füße zur Dreh-

Blick des Ersten Offiziers auf die Fluginstrumente.

achse durch die Drehung der Stange. Der erforderliche Kraftaufwand nahm bei zunehmendem Ausschlagwinkel zu, der Hebelarm wurde jedoch kleiner, dazu musste man das Fußgelenk auch noch verdrehen. Ich habe diese Anordnung in der F-AZJU kennengelernt, und sie ist wirklich nur geeignet, um den Flugzeugführer im linken Sitz während des Reisefluges eine Zeit lang abzulösen. Als ich 1988 zur Ju-Gruppe kam, waren die Pedale schon dahingehend modifiziert, dass man das Fußgelenk nicht mehr verdrehen musste, wenn man das Seitenruder ausschlug. Dennoch waren die aufzubringenden Kräfte beim Start und bei der Landung durch den sich bei Ausschlag immer noch verkürzenden Hebel weiterhin sehr hoch. Kein Wunder, dass junge und voll im Saft stehende Kerle als Copiloten gesucht wurden. Bei Ausfall eines Motors war das schon grenzwertig. Auch am Boden war es ausgesprochen schwierig, bei hohem Kraftaufwand für den Ruderausschlag die Fußspitzenbremsen gleichzeitig gefühlvoll zu betätigen.

Inzwischen und nach nochmaliger Modifikation werden die Pedale auf geradem Weg durchgetreten, der Hebelarm bleibt also konstant, und das erleichtert die Handhabung deutlich. Nicht original, aber eigentlich nur so akzeptabel.

Wechseln wir auf den linken Sitz des Kommandanten. Das ist eindeutig der komfortabelste Platz. Beim Einstieg stört die Armlehne ein wenig, aber wenn man erst einmal das angeborene Sensorium darüber hinweggehoben hat, fühlt man sich augenblicklich wohl. Wir erfassen das Steuerhorn, bewegen es einmal vor und zurück und stellen fest, ob wir im richtigen Abstand sitzen. Wenn nicht, lässt sich der Sitz vor- oder zurückschieben. Passt die Sitzhöhe? Links vom Sitz befindet sich ein großer Hebel, mit dem man sich selbst hochheben oder absenken kann. Einmal ins linke, einmal ins rechte Ruder getreten – stehen die Pedale richtig? Sie lassen sich wie auch die des Copiloten verstellen, das ist aber ein ziemlicher Fummelkram. Man braucht den Ausrückhebel für die Arretierbolzen, der sich im Staufach unter dem Copilotensitz befindet. Bei voll ausgeschlagenem Seitenruder sollte das jeweilige Bein fast vollständig gestreckt sein. Es ist so wie beim Fahrradfahren. Wenn das Bein beim Treten zu weit angewinkelt ist, kann man nicht mit voller Kraft hinlangen und ermüdet sehr schnell.

Wir ziehen die Steuersäule zu uns heran und bemerken sofort das erhebliche Ruderscharniermoment des Höhenruders. Dreht man das Horn zu einer Seite, fällt auf, dass es ca. 120° bis zum Anschlag gedreht werden kann. Die Quersteuerung ist dabei sehr leichtgängig. Wir haben ja bereits aus der Betrachtung der Geometrie darauf geschlossen, dass die notwendigen Ausschläge wegen des großen Hebelarmes eher gering ausfallen sollten. Wegen des Untersetzungsverhältnisses im Getriebe am Kopf des Steuerhorns können wir also von mäßigen Ausschlägen bei geringem Kraftaufwand ausgehen.

Seitenruderpedale für den „Funkermaschinisten" im Originalzustand (Technikmuseum Sinsheim).

Seitenruderpedale des Ersten Offiziers D-AQUI.

Nachdem wir nun die richtige Sitzposition eingenommen haben, prüfen wir noch einmal das Sichtfeld aus dem Cockpit. Bis auf einen kleinen Bereich, der von leicht rechts vorne bis etwa 45° rechts von der Längsachse reicht und der durch die Flugzeugnase und den Mittelmotor verdeckt ist, kann das Rollfeld vor dem Flugzeug für ein Spornradflugzeug gut überblickt werden. Nach hinten reicht der Blick sogar etwa bis zur „sieben Uhr-Position".

Nun wollen wir noch ausprobieren, wie man als Kapitän an die Bedienhebel für die Motoren herankommt. Ergreifen wir also zunächst die mit schwarzen Knöpfen markierten Drosselklappenhebel und schieben sie einmal vor und ziehen sie wieder zurück. Wir brauchen dafür schon die ganze Hand, um sie erfassen zu können, und sie alle haben einen jeweils anderen Widerstand. Das liegt daran, dass sie alle unterschiedlich lange und unterschiedlich verlegte Seilzüge betätigen, und warum sollten die dann alle gleich schwer oder gleich leicht zu bewegen sein? Das muss sich aber auch im Betrieb auswirken, und wir können zu Recht erwarten, dass das Ansprechverhalten aller drei Motoren unterschiedlich sein wird. Auch wird einiger Aufwand zum Synchronisieren erforderlich sein, um auf allen Motoren die gleiche Leistung zu setzen und symmetrischen Schub zu erreichen. Nix *FADEC* also.

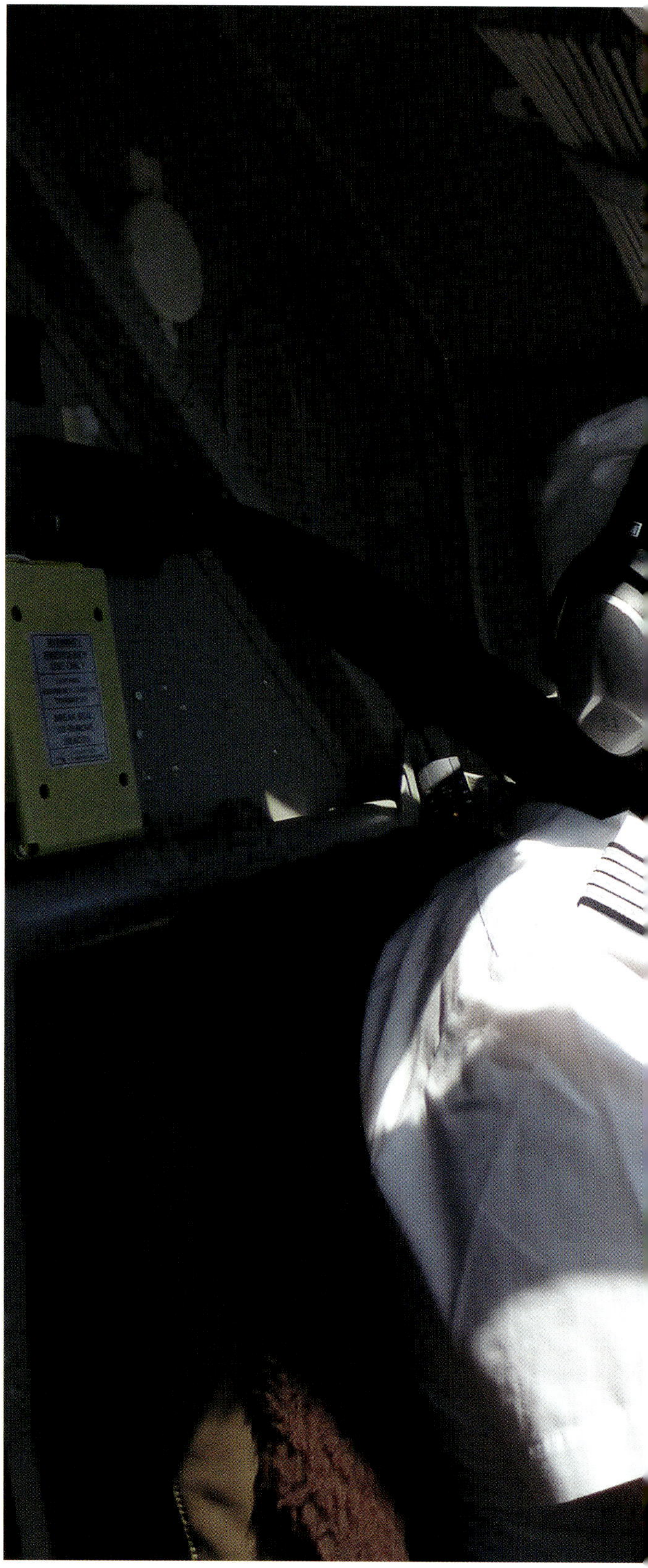

Der Autor auf dem Sitz des Kapitäns während eines Rundfluges von Kiel-Holtenau aus.

Der nicht einsehbare Bereich vor dem Flugzeug am Boden vom Sitz des Kapitäns aus.

Überfliegen der Pistenschwelle bei einer Kurzlandung während des Flugtrainings.

Blick auf Swinemünde im rechten Queranflug auf den Flugplatz Heringsdorf.

innen, nimmt alle Einstellungen im Cockpit vor und übergibt das Flugzeug dann dem Kapitän. Die Piloten kümmern sich um die Wetterlage und Flugsicherungsbelange und legen dann unter Berücksichtigung der typischen oder speziellen Wünsche der Fluggäste, der Luftraumstruktur und der Wetterlage die Flugroute fest. Anschließend treffen sich Besatzung und Mechaniker noch einmal und gleichen bei einer kurzen Einsatzbesprechung ihren Kenntnisstand ab.

Und nun zum eigentlich spannenden Punkt, nämlich, wie man die alte Tante fliegt. Nehmen wir also (Sie und ich quasi als Kapitän vereint) im linken Sitz zu einem Trainingsflug Platz. Wir prüfen noch einmal die Sitzposition und legen die Gurte an. Der Beckengurt sollte festsitzen, die Schultergurte sind Automatikgurte und lassen uns ausreichend Bewegungsfreiheit. Copilot und Flugingenieur nehmen ebenfalls ihre Plätze ein.

Aufgrund der räumlichen Verhältnisse an unserem Flugplatz musste das Flugzeug über Nacht mit dem Heck in den Wind abgestellt werden. Mit einem kleineren Flugzeug hätten wir das nicht akzeptiert und den Flieger einfach von Hand um 180° gedreht, damit es mit der Nase in den Wind abgestellt werden kann. Unsere Ju ist für solche einfachen Tricks aber deutlich zu groß, und so müssen wir bezüglich der Ruder besondere Aufmerksamkeit walten lassen. Wind von hinten auf die Ruder ist immer schlecht, da vor allem das Seitenruder dann in die Endlagen geschlagen werden kann, was unter allen Umständen zur Vermeidung von Schäden auszuschließen ist. Solange die Ruder durch die außen anzubringenden Gestänge gesichert sind, ist das alles kein Problem. Sobald die „control locks“ aber gelöst sind, muss ein Pilot Seitenruderpedale und Steuerhorn fixieren. Das geht am einfachsten, wenn man das Seitenruder sanft in die Endlage bringt, die der Wind diktiert und dann den entsprechenden Fuß auf das durchgetretene Pedal stellt. Das Höhenruder zeigt durch sein eigenes Gewicht ohnehin nach unten, und die Querruder kann man leicht neutral halten. Wir übertragen dem Copiloten diese wichtige Aufgabe und weisen den Mechaniker an, die Verriegelungen der Ruder zu entfernen.

Verriegelungsstange für das linke Querruder.

Schalter und Anzeigen für die Bordbatterien am Instrumentenbrett des Ersten Offiziers.

Läuft der Motor stabil und rund und behält die erwähnte Drehzahl bei, kann der FI den Generator 2 ans Netz nehmen. Über ein Relais zwischen beiden Seiten des elektrischen Netzes wird sofort das ganze elektrische Netz versorgt, also auch beide Batterien wieder geladen.

Beim Anlassen des Motors 1 an der linken Fläche wiederholt sich der ganze Vorgang analog. Beim Motor 2, dem Mittelmotor, braucht der FI den Pumpenschwengel nicht mehr zu betätigen, denn nachdem beide Generatoren am Netz sind, kann die elektrische Kraftstoffpumpe verwendet werden.

Nachdem alle Motoren stabil mit etwa 1.000–1.100 Umdrehungen laufen, schalten wir die elektrische Kraftstoffpumpe und den starter safety switch wieder aus und überprüfen die „attitude revisionary mode“ des HSI, des *horizontal situation indicator*. Damit können der Copilot und wir uns ein Bild des künstlichen Horizontes auf dem Navigationsschirm einblenden lassen, falls das darüber liegende Instrument einmal ausfällt. Der Flugingenieur überprüft nochmal alle Hebelstellungen, den Krafstoff- und den Öldruck und liest dann auf unser Kommando hin die „after start checklist“.

Wir „entlassen“ den Mechaniker, er stöpselt sich aus, und da die Motoren sich noch aufwärmen müssen, überprüft der Copilot die Funktion der Vergaservorwärmung. Dazu dreht er in der Reihenfolge 1,2,3 an den Kurbeln unterhalb seines Instrumentenbrettes und überprüft den Anstieg der Ansauglufttemperatzuranzeige. Der Flugingenieur bestätigt den durch die geringere Dichte der jetzt vorgewärmten Ansaugluft verursachten Drehzahlabfall mit „RPM drop 1“ usw. Dann stellt der Copilot die Vorwärmung wieder ab, und der FI ruft „RPM rise 1“ usw. aus.

Während des Anlassens. Motor 1 steht noch still, Ladedruck = Außendruck, Drehzahl Null. Motor 2 quält sich gerade hoch, der Ladedruck beträgt 15 inHg, die Drehzahl 500 min^{-1}, weil der Propeller noch auf großer Steigung steht. Motor 3 läuft stabilisiert im Leerlauf mit etwa 15 inHg Ladedruck und Drehzahl 1.000 min^{-1}.

Anlassen der Motoren...

sollten. Merke: zu den drei unwichtigsten Dingen in der Fliegerei gehören die Luft über einem, der Sprit im Tankwagen und eben die Pistenlänge hinter einem.
Wir rollen also auf die Piste entgegen der Startrichtung und richten uns darauf ein, auf der schmalen Bahn zu wenden. Dazu begeben wir uns so weit nach links, dass sich die auf der Oberseite der Tragfläche angebrachte Markierung über der Bahnschulter befindet. Sobald wir das Pistenende erreichen, können wir schwungvoll in einer 180°-Kurve wenden, ohne Gefahr zu laufen, dass das Spornrad die Bahn seitlich verlässt und dabei vielleicht eine Lampe der Bahnbefeuerung beschädigt. Wir richten die alte Dame auf der Mittellinie aus, und dann kann es losgehen.
Bei der Vorbesprechung haben wir uns wegen der nicht übermäßigen Pistenlänge für einen Start mit voller Leistung entschieden. Ab einer Pistenlänge von 1.500 m in Meereshöhe bei 15°C haben wir die Möglichkeit, mit reduzierter Leistung zu starten, um die Motoren etwas zu schonen. Der Ladedruck kann dann auf 35 Zoll Quecksilbersäule und die Drehzahl auf 2.200 min-1 reduziert werden. Unter 35 Zoll soll der „manifold pressure" aber nicht gesenkt werden, weil dann das Kraftstoff-Luft-Gemisch abgemagert würde. Flugzeugkolbenmotoren werden bei Volllast mit sehr fettem Gemisch betrieben. Wenn ein Überangebot an Kraftstoffmolekülen besteht, können nicht alle Moleküle an der Verbrennung teilnehmen, und diese überschüssigen Kraftstoffmoleküle nehmen dann Wärmeenergie auf und kühlen den Motor ein wenig von innen. Vor allem verhindern sie aber eine zu hohe Temperatur im Brennraum, die

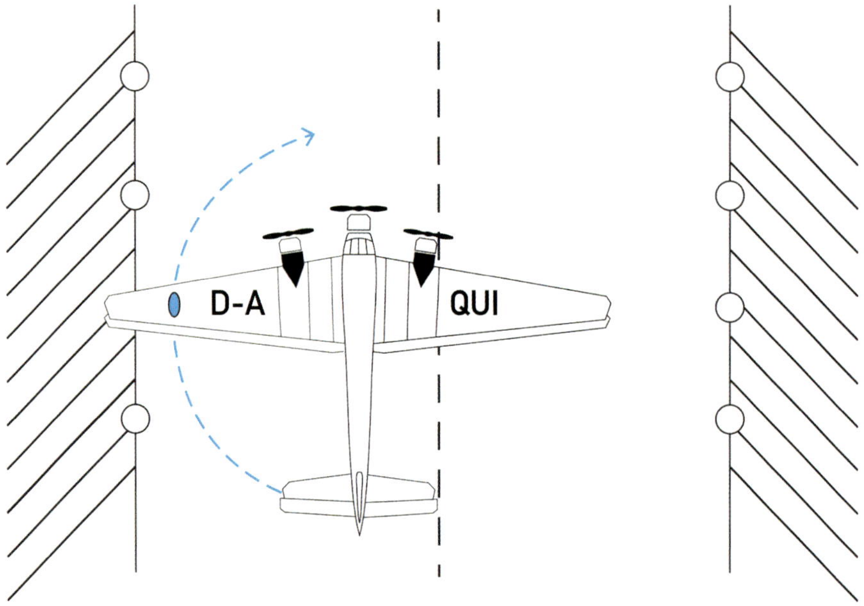

180°-Kurve auf schmalen Pisten oder Rollwegen.

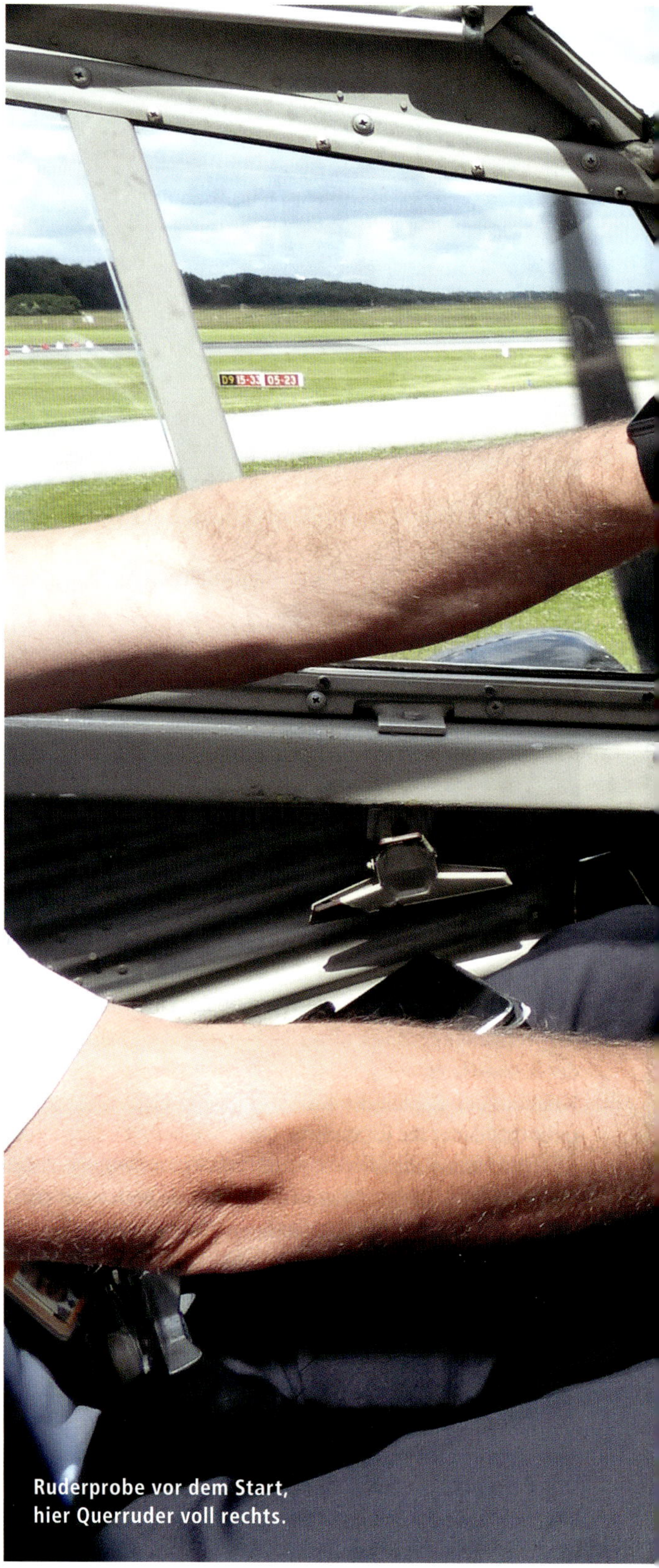

Ruderprobe vor dem Start, hier Querruder voll rechts.

05-23
15-33
MANIFOLD PRESSURE
ENG 1
INCREASE POWER
ENG 3
RPM
IGNITION/START

Stellung des Steuerhorns zum Start bei kräftigem Seitenwind von links.

zur vorzeitigen Entzündung des Gases und damit zum „Klopfen“ führen könnte. Der maximale Verbrennungsdruck würde dann u.U. schon erreicht, bevor der Kolben den oberen Totpunkt erreicht oder überschritten hat, und dann würde er „eins auf den Deckel“ bekommen. Die mechanische Zerstörung des Motors würde nicht lange auf sich warten lassen.

Das Kraftstoff-Luft-Gemisch soll beim Start ungefähr ein Verhältnis von 1:10 haben. Das *stöchiometrische Verhältnis* für vollständige Verbrennung liegt hingegen bei etwa 1:14,5.

So ein Startlauf ist für einen Flugzeugkolbenmotor ein hartes Stück Arbeit. Er muss seine volle Leistung abgeben und wird dabei nur unzureichend gekühlt, weil sich der Fahrtwind erst allmählich aufbaut.

Wir halten noch einen Augenblick inne und stellen uns vor, wie die Kolben auf und ab rasen, wie es die Ventile auf- und zuschlägt, wie die Gassäulen in Ein- und Auslasstrakt schwingen, und wie die armen Auslassventile von den heißen Verbrennungsgasen umspült werden und ihre Wärme nur abgeben können, wenn sie im geschlossenen Zustand mit dem Zylinderkopf in Berührung kommen. Und dem Vorwärtsdrang des Motors stellt sich ein riesengroßer Propeller entgegen, der erst auf Drehzahl gebracht werden muss und dann seine Blätter auf immer größere Steigung fährt, um die vorgewählten 2.250 min^{-1} nicht zu überschreiten.

Bei Flugzeugmotoren sind die Drehzahlen nach heutigen Maßstäben ja eher lächerlich niedrig, dafür sind alle Bauteile relativ groß und damit schwer. Warum lässt man dann die Motoren nicht schneller drehen und baut alles etwas kleiner und leichter? Weil die Propeller dann zu schnell drehen und ihre Blattspitzen Überschallgeschwindigkeit erreichen würden. Das wäre mit viel Lärm und Wirkungsgradverlust verbunden. Unsere Ju hat ja mit den großen Dreiblattpropellern schon ein Untersetzungsgetriebe, um genau das zu vermeiden. Deswegen haben auch alle Kleinflugzeuge bei nur mäßigen Leistungen gewaltige Hubräume. Der Sh 14 Siebenzylinder-Sternmotor meines Stieglitz hat bei nur 160 PS Startleistung einen Gesamthubraum von 7,7 Litern. Bei etwa 2 m Propellerdurchmesser erreichen die Blattspitzen beim Start und etwa

Volle Startleistung auf allen drei Motoren.

2.000 min^{-1} eine Umfangsgeschwindigkeit von knapp 220 m/s, das sind etwa 800 km/h.

Der Propellerdurchmesser unserer Ju beträgt 3,30 m, die Blattspitzengeschwindigkeit bei 2.250 min^{-1} des Motors und damit 1.500 min^{-1} des Propellers erreicht 259 m/s (932 km/h) oder 76% der Schallgeschwindigkeit in Meereshöhe bei 15°C.

Wenn wir ehemaligen Ju-Piloten erzählen, dass wir 1.000 m Pistenlänge als nicht allzu viel ansehen, neigen sie dazu, uns auszulachen, oder wenigstens zu schmunzeln: „Junger Mann,....!“ Langsam! Früher war das reichlich, aber früher galten auch andere Betriebsvorschriften, und die sind in den Jahrzehnten seither nicht ohne Grund verändert worden. Reichte es damals aus, auf einer Piste oder auf einem Feldflugplatz vor dem Zaun oder der ersten Baumreihe in die Luft zu kommen, mussten wir während unseres Betriebes jedoch alle Eventualitäten berücksichtigen. Dazu gehören auch der Abbruch oder die Fortsetzung eines Starts, wenn mal während des Startlaufs einer der Motoren ausfällt. Zur Fortsetzung musste eine Mindestgeschwindigkeit erreicht sein, die ein Mindeststeigen und ein Geradeausfliegen des Flugzeuges nur mit ausgeschlagenem Seitenruder ermöglicht. Ist diese Mindestgeschwindigkeit in dem Augenblick, in dem ein Motor ausfällt, noch nicht erreicht, muss der Start sofort abgebrochen werden. Die Entscheidungsgeschwindigkeit betrug 120 km/h. Das bei dieser Geschwindigkeit schon angehobene Spornrad konnte aber erst beim Unterschreiten von 100 km/h abgesetzt werden, und mit einem „fliegenden Spornrad“ zu bremsen, war eine Übung für weit Fortgeschrittene. Bis dahin musste also alleine der Luftwiderstand das Flugzeug bremsen, und dabei legte das Flugzeug eine ziemliche Strecke zurück. Limitierend für unsere Ju nach den relevanten Betriebsvorschriften war also die Startabbruchstrecke, die Distanz, die gebraucht wurde, um das Flugzeug aus dem Stand auf 120 km/h zu beschleunigen und dann wieder zum Stillstand abzubremsen.

Wir starten zum ersten Trainingsflug

Wir haben die Ju sauber auf der Bahn ausgerichtet und blicken noch einmal zum Windsack. Der Wind weht frisch von vorne links, ungefähr aus der 10 Uhr-Position. Das wird unsere Startstrecke angenehm verkürzen, aber über die Seitenwindkomponente müssen wir uns noch kurz Gedanken machen. Wind von links bedeutet, dass eine Windkomponente auf die linke Seite des Seitenleitwerks treffen und ein Drehmoment um die Hochachse des Flugzeuges nach links auslösen wird. Das ist wie bei vielen anderen Propellerflugzeugen auch der ungünstigere Fall, denn durch verschiedene Effekte, die wir gleich noch alle in Ruhe betrachten wollen, neigen die Maschinen dazu, beim Start sowieso schon nach links auszubrechen.

Die erste Erscheinung, über die wir uns Gedanken machen müssen, ist der sogenannte Korkenziehereffekt. Durch die rechtsdrehenden Propeller, insbesondere durch den des Mittelmotors, wird dem Propellerstrahl ein Drall aufgeprägt. Das auf der rechten Seite abwärtsdrehende Blatt verleiht der nach hinten strömenden Luft eine Abwärtskomponente, auf der linken Seite wird die Luft nach oben abgelenkt. Dadurch ergibt sich eine korkenzieherartige Umströmung des Rumpfes von vorne nach hinten im Uhrzeigersinn. Am Heck des Flugzeuges trifft die Strömung dann von der linken Seite auf die Seitenflosse, die Strömung auf der anderen Seite fließt unter dem Rumpf hindurch. In der Folge entsteht eine nach rechts gerichtete Kraft am Seitenleitwerk, also ein Giermoment nach links.

Die zweite Erscheinung ist die Gegenreaktion des Flugzeuges auf die Propellerdrehung. Die rechtsdrehenden Propeller versuchen als reactio das Flugzeug um die Längsachse nach links zu drehen. Dadurch wird der Anpressdruck des linken

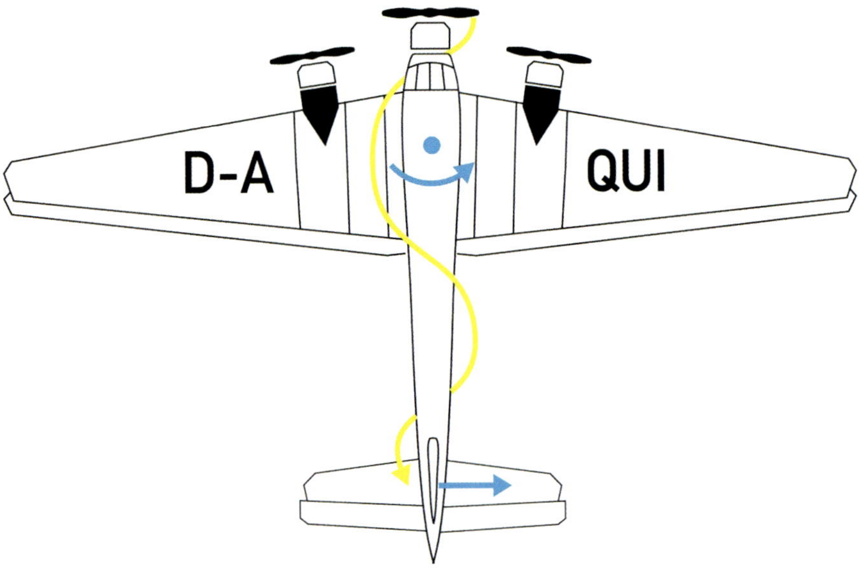

Der „Korkenziehereffekt" dreht das Flugzeug beim Start nach links.

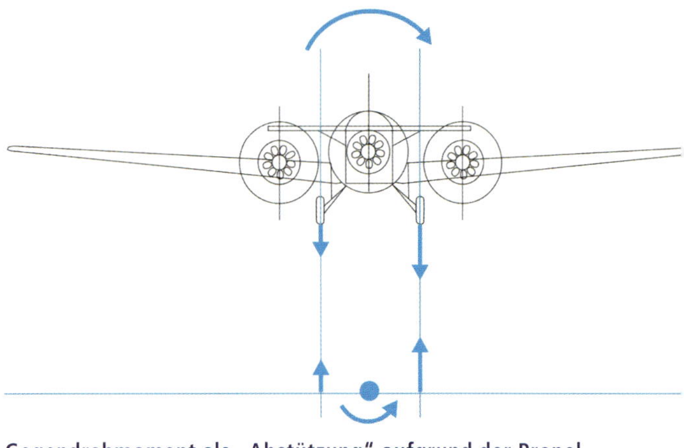

Gegendrehmoment als „Abstützung" aufgrund der Propellerdrehrichtung.

Hauptrades und damit auch sein Rollwiderstand größer als der des rechten Rades. Als Reaktion entsteht ein weiteres linksgerichtetes Giermoment.
Die dritte Erscheinung ist die asymmetrische Anblasung der Propellerblätter. Durch die Neigung der Flugzeuglängsachse bei noch am Boden befindlichen Spornrad hat das jeweils abwärtsdrehende Propellerblatt auf der rechten Seite einen höheren Anstellwinkel als das jeweils aufwärtsdrehende auf der linken Seite und erzeugt deswegen mehr Schub, wodurch ebenfalls ein nach links gerichtetes Giermoment entsteht. Die vierte und letzte zu beachtende Erscheinung ist die *Präzession* der Propeller. Wird die Drehebene der Propeller gekippt, präzedieren sie in Drehrichtung 90° weiter in demselben Sinne, erzeugen also bei den rechtsdrehenden Propellern der Ju ebenfalls ein Giermoment nach links, wenn das Heck angehoben wird.
Alle vier beschriebenen Effekte wollen das Flugzeug zu unterschiedlichen Zeiten und mit sich ständig verändernder Intensität beim Startlauf nach links drehen lassen. Und der Seitenwind unterstützt diese Tendenz zusätzlich. Wir geben trotzdem, nein gerade deswegen, vor Beginn des Startlaufes linkes Querruder.
Als Maß für den Querruderausschlag hat es sich bewährt, das Steuerhorn so weit zu drehen, dass die dem Wind zugewandte

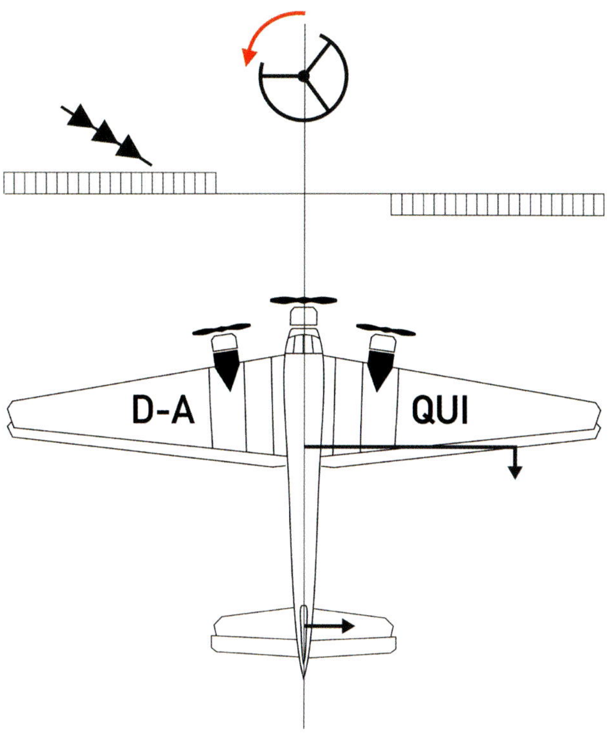

Ruderstellung beim Start mit Seitenwind von links.

Strebe parallel zum Horizont steht. Durch die Drehung nach links heben wir das linke Querruder etwas an und senken das rechte etwas ab. Am rechten, nach unten ausgeschlagenen Querruder erhöhen wir damit den Auftrieb ein wenig, am linken senken wir ihn ab. Da Auftriebsveränderung auch immer eine Veränderung des induzierten Widerstandes bedeutet, erhöhen wir durch diesen Ausschlag den Widerstand an der rechten Flächenspitze und senken ihn an der linken, erzeugen also ein kleines Giermoment nach rechts, das dem Wetterfahneneffekt entgegen wirkt.
Nun sind wir mental gut auf den Start vorbereitet. Ein kurzer Blick zu Copilot und Flugingenieur, und dann beginnen wir den Startlauf. Wir legen die rechte Hand fest auf die Drosselhebel, starten mit der linken Hand flink die Stoppuhr in der linken oberen Ecke des Instrumentenbrettes und geben das Kommando „Take Off!“. Dann schieben wir die Hebel langsam vor und achten dabei darauf, dass der Ladedruck auf allen drei Motoren immer ungefähr gleichgroß bleibt, damit die Motoren gleichmäßig hochlaufen und keine Asymmetrie beim Schub entsteht.
Das Flugzeug rollt an, das Seitenruder wirkt sofort, das Höhenruder kommt hoch, und die Bremsen werden ab jetzt für die Richtungskontrolle nicht mehr eingesetzt. Wenn der Ladedruck etwa 25–30 Zoll Quecksilbersäule erreicht hat, richten wir das Kommando „take off power“ an den Flugingenieur. Dabei heben wir unsere Hand nur ein wenig an, damit er an die Gashebel herankommt, wir aber in jedem Augenblick in der Lage sind, den Start durch Zurückziehen der Drosselhebel abzubrechen. Langsam schiebt er die Hebel so weit vor, dass die 38 Zoll Ladedruck erreicht werden und meldet „take off power set!“ Dann beendet er das „Händchenhalten mit dem Kapitän“ und regelt die Propellerdrehzahl eventuell noch ein wenig nach.
Während das Flugzeug Fahrt aufnimmt, wird die richtige Bedienung des Seitenruders extrem wichtig. Dreht sich der Flieger durch die zahlreichen Effekte, die für ein Propellerflugzeug typisch sind, und über die wir uns eben schon Gedanken gemacht haben, um die Hochachse, müssen wir entschieden gegenzusteuern. Aber Achtung: sobald das Flugzeug wieder wie gewünscht reagiert, müssen wir die Korrektur sofort zurückzunehmen, sonst schaukelt sich die Tante sehr schnell auf. Man bräuchte dann schon ein sehr langes Integrationsintervall, um sich noch auf der Mittellinie der Piste zu wähnen.
Für das weitere Verständnis des dynamischen Verhaltens unserer Ju und jedes anderen Spornradflugzeuges am Boden ist es wichtig, dass wir uns die Lage des Schwerpunktes in Bezug auf die Lage des Fahrwerkes bewusst machen.
Der zulässige Schwerpunktbereich der Ju liegt zwischen 1,65 m und 2,20 m hinter der Bezugslinie. Als Bezugslinie ist die

Das Steuerhorn spiegelt sich in der Scheibe und der Rumpf auf der blankpolierten Triebwerksgondel.

Blick zurück auf die Pommersche Bucht beim Anflug auf Heringsdorf.

halten. Allmählich beschleunigt das Flugzeug weiter. Wenn wir 180 km/h angezeigter Geschwindigkeit erreichen, fordern wir den Flugingenieur auf, die Leistung der Motoren auf 64% zu drosseln, die mit einem Ladedruck von etwa 28 Zoll bei 1.800 Umdrehungen erreicht werden.

Während der Beschleunigung mussten wir das Höhenruder wenn auch nur schwach, aber doch mit leicht ansteigender Kraft drücken. Nachdem die Leistung zurückgenommen wurde, fliegt das Flugzeug aber wieder im Trimm. Nun endlich können wir das Seitenruder kraftfrei stellen. Die Füße können mit dem Hacken auf den Fußboden gestellt werden, die erforderlichen Seitenruderausschläge können mit den Fußballen auf der Unterkante der Pedale aufgebracht werden. Wir können die Füße aber auch vollständig in den Pedalen stehen lassen.

Um uns mit dem Flugzeug weiter vertraut zu machen, prägen wir uns zunächst das Horizontbild ein. Wir merken uns die Stelle, an der die Horizontlinie die Motorgondel vor uns schneidet. Während wir uns an diesen Flugzustand gewöhnen, synchronisiert der Ingenieur die Motordrehzahlen. Dazu verstellt er die Drehzahlhebel der Motoren eins und drei solange, bis die beiden „Kleeblätter" oberhalb der Drehzahlmesser stillstehen. Wir können ihm dabei mit einem Blick aus dem Fenster zumindest für den Motor 1 auf die Finger gucken. An den Innenseiten der Flächenmotoren sind kleine Spiegel angebracht. Schaut man in den Spiegel, geht der „zurückgeworfene Blick" nämlich durch die Drehkreise des jeweiligen Außen- und des Mittelmotors. Wann immer sich dem freien Blick je ein Propellerblatt der beiden Motoren in den Weg stellt, sehen wir einen schwachen Schatten. Solange dieser Schatten wandert, laufen die Motoren noch mit unterschiedlicher Drehzahl. Erst wenn er an einer Stelle stehen bleibt, laufen die Motoren mit exakt gleicher Drehzahl. Alle Motoren laufen jetzt mit gleichen Umdrehungen, und der Co hat die Vergaservorwärmung so weit geöffnet, dass die Zeiger für die Temperatur der Ansaugluft im grünen Bereich stehen – quasistationärer, unbeschleunigter Horizontalflug.

Es ist noch früher Vormittag, fast windstill, und Thermik hat noch nicht eingesetzt. Die Luft ist wie Samt und Seide, wie geschaffen dafür, ein Flugzeug kennenzulernen. In der vollständig ruhigen Luft ist das Flugzeug mehr mit sanft ausgeübtem Druck auf die Ruder als mit messbaren Ausschlägen wunderbar in der jeweiligen Lage zu halten.

Reiseflugzustand über der Kieler Förde. Die Linie des natürlichen Horizontes schneidet die Verkleidung des Mittelmotors beinahe tangential. Kleinste Veränderungen der Nicklage sind schnell und eindeutig zu erkennen. Angezeigte Geschwindigkeit etwa 175 km/h, Ladedruck 28 inHg, Drehzahl 1.800 min^{-1}. Die erzielte Geschwindigkeit hängt stark von der aktuellen Flugmasse ab.

180 KM/H
MAXIMUM SPEED 330KM/H
FLAP LIMIT SPEEDS
10 170Km/h
25 160Km/h
40 150Km/h
FLARM SYSTEM FOR
MISSION PURPOSES ONLY

Die Fliehkraft zeigt radial vom Kreismittelpunkt weg, und da sie im Schwerpunkt des Flugzeuges angreift, erzeugt sie kein Drehmoment um die Hochachse.
Eine Komponente des Auftriebes ($L * \cos \phi$), der hinter dem Schwerpunkt wirkt, zeigt zum Kreismittelpunkt und erzeugt damit ein Drehmoment um die Hochachse nach rechts, also dem beabsichtigten Kurvensinn entgegen.
Eine Komponente der (kleinen) Abtriebskraft am Höhenleitwerk wirkt in Richtung der Fliehkraft und erzeugt mit ihrem großen Hebelarm ein Drehmoment um die Hochachse in der gewünschten Drehrichtung.
Da das Flugzeug vor dem Einleiten der Kurve keine Drehung um die Querachse ausgeführt hat, müssen die Nickmomente um den Schwerpunkt, die vom Auftrieb des Tragflügels und der Abtriebskraft des Höhenleitwerkes verursacht werden, im Gleichgewicht gewesen sein. Deswegen müssen sich auch die Anteile der Nickmomente, die in Kurvenlage um die Hochachse zur Wirkung kommen, das Gleichgewicht halten. Ohne einen zusätzlichen Seitenruderausschlag würde sich das Flugzeug also in Querlage befinden, aber keine Drehung vollführen. Erst dadurch würde schließlich die Seitenleitwerksflosse von der Kurveninnenseite her angeströmt und doch noch eine Querkraft erzeugen, die mit ihrem Hebel zum Schwerpunkt das notwendige Drehmoment zur Drehung um die Hochachse erzeugt. Diese kraftauslösende Schräganblasung entsteht also nur als Folge eines unkoordinierten Kurvenfluges, in diesem Fall durch einen Schiebewinkel von links vorne. Bei einem Segelflugzeug würde der Faden an der Haube, das einzige Instrument, das ein Segelflieger wirklich braucht, in dieser Lage nach rechts auswehen.
Um wieder einen koordinierten Kurvenflug zu erreichen, müssen wir das Seitenruder in Kurvenrichtung ausschlagen. Nur dann erreichen wir bei einer Anströmung parallel zur Längsachse des Flugzeuges einen Anstellwinkel des gesamten Seitenleitwerkes, weil wir dessen *Profilsehne* „verdrehen".
Denken wir zurück an unseren Rundgang um das Flugzeug. Dabei hatten wir aufmerksam registriert, dass das die Seitenleitwerksflosse im Vergleich zum Seitenruder ungewöhnlich klein ist. „Vergessen" wir, im Kurvenflug Seitensteuer zu geben, wird der Schiebewinkel deswegen recht groß ausfallen, weil die für eine Schräganblasung zur Verfügung stehende Fläche der Seitenleitwerksflosse eben auch klein ist.
Treten wir also zum Einleiten einer Kurve also beherzt ins Seitenruder, denn wir müssen das negative Wendemoment überwinden und den notwendigen Ausschlag für die Drehung um die Hochachse aufbringen. Außerdem muss zusätzlich noch das Trägheitsmoment des gesamten Flugzeuges überwunden werden. Und da das Seitenruder relativ groß, müssen wir schon ein wenig Kraft aufbringen.
Wie alle Flugzeuge wird auch unsere Tante im Kurvenflug durch Addition der Schwer- und der Fliehkraft etwas „schwerer". Zum Ausgleich genügt bei kleinen Hängewinkeln aber ein ganz leichter Zug am Höhenruder. Natürlich erhöht die Steigerung des Auftriebes am Tragflügel auch den induzierten und damit den Gesamtwiderstand. Der Verlust an Fluggeschwindigkeit ist dabei aber kaum spürbar, so dass wir die Motorleistung nicht erhöhen müssen. Ist der Kurvenflug stabilisiert, kann uns die Motorgondel des Mittelmotors wieder als Referenz zum Horizont dienen. Während des Einrollens ist das jedoch nicht so einfach, da der Punkt, an dem der Horizont die Gondel schneidet, an der runden Außenseite der Gondel entlangwandert.
Unsere Ju liegt jetzt stabil in der Kurve, wir schauen zum Kurvenmittelpunkt, um den Luftraum auf anderen Verkehr hin abzusuchen. Dabei bemerken wir, dass die Flügelspitze über dem Erdboden fast still zu stehen scheint. Auch das ist eine Besonderheit dieses großen und doch langsamen Flugzeugs. Jetzt haben wir Gelegenheit durch kleine Bewegungen mit dem Seitenruder den Ball in der Libelle ein wenig auszulenken und so ein Gefühl für den richtigen Ausschlag des Seitenruders zu entwickeln. Dabei bemerken wir die starke Kopplung der Bewegungen um die Hochachse mit denen um die Längsachse, die grundsätzlich bei allen Flugzeugen auftritt, bei der Ju aber durch die große Spannweite und die geringe Fluggeschwindigkeit wieder besonders deutlich ausfällt. Geben wir etwas rechtes Ruder, eilt die linke Fläche vor, erzeugt mehr Auftrieb, und das Flugzeug zeigt eine Tendenz, den Hängewinkel zu verringern. Geben wir etwas linkes Ruder, erhöht sich der Hängewinkel durch die voreilende rechte Fläche. Es hängt einfach alles mit allem zusammen.
Beim Ausleiten der Kurve entsteht am kurveninneren Flügel durch Auftriebserhöhung wieder spürbarer induzierter Widerstand, der jetzt verstärkend in Drehrichtung wirkt. Wir müssen also deutlich Seitenruder, diesmal nach rechts gegeben. Erst, wenn das Querruder bei Erreichen der horizontalen Lage zurückgenommen wird, können wir auch – zumindest bei normaler Reisefluggeschwindigkeit – den Ausschlag des Seitenruders auf Null zurückführen.
Wir fliegen ein Stück geradeaus und lassen die Eindrücke der ersten Linkskurve auf uns wirken. Das gibt uns Gelegenheit, einmal über alle Instrumente zu blicken. Unser Nickwinkel beträgt so ungefähr plus 4–5°. Die Geschwindigkeit pendelt sich wieder bei 180–190 km/h ein, die Nadeln für Ladedruck und Drehzahl zittern leicht um ihre Sollwerte herum. Der Flugingenieur verarmt nun das Gemisch für den Reiseflug. Dazu zieht er die Gemischhebel langsam nach oben in Richtung „arm" und beobachtet den Anstieg der Abgastemperaturen. Mit dem neuen, hochmodernen Instrument dafür können wir

Deswegen heißt die Mecklenburgische Seenplatte so.

Reste der abziehenden Bewölkung nach Durchzug einer Kaltfront.

den Anstieg bei jedem einzelnen Zylinder beobachten. Wenn die Höchstwerte erreicht sind, wird solange wieder angereichert, bis die Temperaturen um 50°C abgesunken sind. Dieser Abgastemperaturwert zeigt an, dass wir das Gemisch für den Reiseflug passend eingestellt haben, und wir verbrauchen nun deutlich weniger Kraftstoff. Dieser Zustand darf aber nur solange beibehalten werden, wie sich die äußeren Bedingungen nicht ändern. Wir können bei dieser Gelegenheit eine interessante Demonstration einfügen. Die Abgastemperaturen lassen sich vom Maximalwert aus auch absenken, wenn der FI das Verarmen auf „lean of peak" hinaus fortsetzt. Dann herrscht Luftüberschuss und die Anzahl der Kraftstoffmoleküle reicht nicht mehr aus, um einen ausreichend hohen Verbrennungsdruck zu erzeugen, der indizierte Mitteldruck sinkt und die Motorleistung nimmt ab. An den Instrumenten können wir das nicht erkennen. Der Propeller „spürt" den Leistungsabfall allerdings und stellt sich auf kleinere Steigung und damit geringeren Blattwiderstand ein, denn seine Aufgabe ist es, die Drehzahl konstant zu halten. Der Ladedruck fällt auch nicht ab, denn die Drosselklappenstellung wurde ebenfalls nicht verändert. Wir müssen uns klarmachen, dass wir die Motorleistung nicht explizit einstellen, sondern nur aus Ladedruck und Drehzahl auf eine bestimmte Leistungseinstellung schließen. Stellen wir also z.B. das Gemisch am linken Motor zu arm ein, erreichen wir eine asymmetrische Leistungseinstellung, und es entsteht ein Drehmoment um die Hochachse nach links. Wir geben diesem Drehmoment nach und lassen das Flugzeug langsam um die Hochachse nach links drehen, halten dabei aber die Flächen mit etwas Querruder rechts waagerecht. Eine solche Kurve ohne Hängewinkel nennt man auch eine „Pfannkuchenkurve". Jetzt bitten wir den FI, das Gemisch des Motors 1 wieder langsam anzureichern. Ohne dass die Werte für Ladedruck und Drehzahl sich ändern, nimmt die Leistung des Motors wieder zu und das Gieren hört auf.
Nachdem wir den geraden, unbeschleunigten Horizontalflug wieder eingenommen und stabilisiert haben, wollen wir uns erfliegen, wie man einen Steuerkurs am genauesten einhalten kann. Dazu blicken wir kurz auf die Kompassrose des „horizontal situation indicators" und setzen die Kursmarke oder den „heading bug" auf den gerade anliegenden Kurs. Wir suchen uns eine Landmarke gerade voraus am natürlichen Horizont und fixieren sie, ohne auf den Kompass zu sehen. Über die lange Nase des Flugzeuges können wir wunderbar peilen, und nachdem wir eine Weile nur mit Blick nach draußen geflogen sind, stellen wir fest, dass sich der Steuerkurs nicht verändert hat. Nun verfahren wir genau andersherum. Copilot und FI bekommen die Aufgabe, den Luftraum zu beobachten, und wir senken den Kopf, um nur mit Referenz auf die Instrumente geradeaus zu fliegen. Es dauert nicht lange, und wir müssen die erste kleine Kurskorrektur vornehmen. Und so beginnen wir ganz langsam wenn auch nur schwach, um unseren Sollkurs herum zu pendeln. Das lässt uns schon erahnen, dass der Blindflug mit der Tante nicht ganz einfach sein wird. Erinnern wir uns an die Rückschlüsse, die wir schon aus der Betrachtung der Flugzeugabmessungen gezogen haben.
Wir wenden den Blick wieder nach außen und leiten eine Rechtskurve ein. Das geht genauso wie bei die der vorangegangenen Linkskurve, die erforderlichen Ruderausschläge unterscheiden sich in ganz kleinen Nuancen. Das kann man aber nur aus der Überlegung schließen, beim Fliegen merkt man das nicht. Dafür fällt uns etwas anderes sofort auf. Beim Kurvenflug muss der Luftraum immer vorrangig von dem auf der Innenseite sitzenden Piloten beobachtet werden, der auf der Außenseite sitzende kann dort nicht wirklich viel sehen.
Um das Übungstempo zu steigern, wechseln wir von der Rechts- in eine erneute Linkskurve und dann wieder in eine Rechtskurve, wobei wir den Ball in der Libelle nicht aus der Mitte lassen und so ein immer besseres Gefühl für die notwendigen Seitenruderausschläge bekommen.
Nachdem wir wieder ein paar Augenblicke lang geradeaus geflogen sind, fixieren wir einen markanten Punkt am Horizont und beschließen, mit der Flugzeugnase einen Kasten um diesen Punkt herum zu beschreiben. Dazu heben wir die Nase zunächst ein klein wenig an und frieren die neue Längslage durch leichten Zug am Höhenruder ein. Da das Flugzeug ja wie wir schon wissen, über eine ordentliche statische Längsstabilität verfügt, nimmt der notwendige Zug zu, wenn die Geschwindigkeit leicht zurückläuft. Davon lassen wir uns aber nicht beeinflussen und fixieren den in Augenschein genommenen Punkt. Nun treten wir ganz leicht in das linke Seitenruderpedal und bewegen die Nase parallel zum Horizont ein Stück weit nach links. Die Flächen halten wir dabei mit ganz leichtem Ausschlag des Querruders nach rechts waagerecht. Wir stoppen die Drehbewegung und fliegen jetzt unkoordiniert, der Ball in der Libelle ist ein Stück nach rechts ausgewandert. Nun geben wir dem Zug des Höhensteuers ganz vorsichtig nach und senken die Nase um denselben Winkel unter den Horizont, wie wir sie vorher über ihn angehoben haben. Aus dem nachgelassenen Zug wird mit der Zunahme der Fluggeschwindigkeit ganz langsam ein auszugleichender Druck. Nun geben wir Seitensteuer rechts und drehen nur um die Hochachse wieder auf den Ausgangskurs zurück. Ganz kurz fixieren wir die rechte untere Ecke des Kastens und heben dann die Nase wieder auf den Ausgangswert an. Ganz vorsichtig lassen wir alle klitzekleinen Reststeuerdrücke „entweichen", und dann fliegt die Tante wieder geradeaus, gerade so als wäre nichts passiert.
Die nächste Übung wird nun wieder etwas schwieriger zu beherrschen, denn dieses Mal wollen wir die Nase im Kreis um

Der Flugingenieur bei der Leistungseinstellung der Motoren.

unseren Fixpunkt streichen lassen. Mit dem Anheben der Nase soll eine Kurve nach rechts eingeleitet werden. In dem Augenblick, in dem die Nase am höchsten über den Horizont zeigt, soll der Hängewinkel seinen größten Betrag erreichen. Dann senken wir die Nase wieder ab und reduzieren den Hängewinkel, so dass er den Wert Null durchläuft, wenn die Nase durch den Horizont absinkt. Genau in diesem Augenblick leiten wir in einen Hängewinkel nach links ein, der wiederum sein Maximum erreicht, wenn die Nase am tiefsten zeigt. Mit der Rückführung des Hängewinkels heben wir auch die Nase wieder an, so dass wir die Ausgangslage um die Längs- und die Querachse gleichzeitig erreichen. Das wird uns genauso kaum auf Anhieb gelingen, aber darauf kommt es auch gar nicht an. Wir wollen nur lernen, wie wir die alte Dame bei ihrem langsamen Walzer zu führen haben. Und da wir merken, wieviel Spaß solche Übungen machen können, wiederholen wir sie gleich noch einmal andersherum.

Bisher haben wir nur kleine Lageänderungen vorgenommen,

und da unser Zutrauen in unsere eigenen Fertigkeiten und in die Gutmütigkeit der Ju sich verfestigt hat, wollen wir jetzt etwas mehr Schwung in den Tanz bringen.
Um uns gewissenhaft darauf vorzubereiten, fordern wir „RPM 2.100", lassen den FI also die Motordrehzahl erhöhen. Dabei beobachten wir den Ladedruck und sehen einen kleinen Abfall. Das muss so sein, denn die abwärtssausenden Kolben verlangen nun nach mehr „Luft" aus dem Ansaugtrakt. Da die Drosselklappenstellung aber unverändert bleibt, bekommen sie diese, bzw. die Menge Kraftstoff-Luft-Gemisch nicht, und der Druck im Ansaugtrakt, der Ladedruck sinkt. Mit einer Drehzahl von 2.100 Umdrehungen können wir den „manifold pressure" jederzeit auf bis zu 31 Zoll erhöhen (lassen), wenn wir aus irgendeinem Grunde viel Leistung brauchen. Wenn wir die Ohren spitzen, hören wir sogar, dass das Verhältnis Ladedruck/Drehzahl sich geändert hat, denn auch der „indizierte Mitteldruck" im Zylinder ist abgesunken, das Motorgeräusch wird etwas „kraftloser".
Wir wollen eine Steilkurve mit 45° Hängewinkel fliegen und dabei natürlich die Höhe halten. Bevor wir aber „in die Tasten greifen", überlegen wir noch kurz, was dabei auf uns zukommt. Wir werden jetzt größere Ruderausschläge benötigen, denn auch die Rollrate soll dabei ja höher sein als bei den bisher geflogenen, flachen Kurven. Außerdem wird die „Gewichtszunahme" der Ju jetzt durch die größere Fliehkraft, die aus dem engeren Kurvenradius resultiert, größer. Das Lastvielfache lässt sich aus der Division „1 durch cosinus des Hängewinkels" berechnen. Für 25° Hängewinkel erreicht es einen Wert von etwa 1,1, für einen Wert von 45° jedoch schon von 1,41 oder mathematisch exakt von Wurzel aus 2. In einer Steilkurve mit 45° Hängewinkel brauchen wir also etwa 41% mehr Auftrieb. Bei konstanter Fluggeschwindigkeit, und dieses Ziel haben wir uns gesetzt, müssen wir den Anstellwinkel also deutlich erhöhen, um nicht in einen spiralförmigen Sinkflug zu geraten. Physikalisch und mathematisch gesprochen, wir müssen den Auftriebsbeiwert c_A in der Auftriebsformel um 41% erhöhen. Dadurch steigt dann auch der induzierte Widerstand an, und zwar um auf genau den doppelten Wert, da der Auftriebsbeiwert im Quadrat in seine Berechnung eingeht – und Wurzel aus 2 zum Quadrat ergibt eben genau 2.
Im Reiseflug hat der induzierte Widerstand einen Anteil am Gesamtwiderstand von etwa 40%. Wir zählen also vier Anteile induzierten und sechs Anteile schädlichen Widerstand. Verdoppeln sich die vier Anteile induzierter Widerstand zählen wir also acht plus sechs Anteile und kommen so auf 14 Anteile, also einen Anstieg des Gesamtwiderstandes von etwa 40%. Und das werden wir deutlich merken. Praktisch bedeutet das, dass wir den Ladedruck beim Passieren von 30° Hängewinkel um etwa zwei Zoll erhöhen (lassen) müssen. „Manifold plus 2" lautet das Kommando an den FI dazu. Wir selbst und der FI sind also schon gut beschäftigt, da bleibt für die Luftraumbeobachtung nur der Copilot. Es wurde ja schon erwähnt, dass drei Besatzungsmitglieder im Cockpit durchaus nötig sein können.
Und nun verrate ich Ihnen einen ebenso einfachen wie wirkungsvollen Trick. Lassen Sie uns die erste Kurve nach außen fliegen, also nach rechts, weil wir ja links sitzen. Wenn wir nämlich beim Erreichen von 45° Hängewinkel die Linie des natürlichen Horizontes tangential über die runde Verkleidung des Mittelmotors streichen lassen, haben wir ziemlich genau die richtige Längslage, um die Flughöhe konstant zu halten.
Also los. „Rechts frei?" – „Rechts frei!" Wir haben die Markierung für den Steuerkurs auf den aktuell anliegenden gesetzt und leiten die Kurve mit einem beherzten Ausschlag des Querruders und einem noch beherzteren des Seitenruders ein. Gleichzeitig ziehen wir zuerst sanft, dann aber immer stärker am Höhenruder. Wie gut, dass der FI sich um die Gashebel kümmert, denn schnell merken wir, dass wir beide Arme zum Ziehen brauchen. 30° werden durchrollt – „manifold plus 2!" Während der Co nach rechts hinten oder besser nach rechts hinten oben aus dem Fenster schaut, „fangen wir den Horizont ein" und legen ihn wie besprochen tangential auf die Motorverkleidung. Ein kurzer Blick auf den künstlichen Horizont, 45° Hängewinkel sind erreicht und wir versuchen, den Höhenruderausschlag trotz der recht großen Zugkraft konstant zu halten. Ein kurzer Blick auf das Variometer verrät uns, ob wir den richtigen Nickwinkel eingenommen haben, oder ob wir ihn ein wenig korrigieren müssen. Ein kurzer Blick auf die Libelle, ob der Ball auch genau in der Mitte steht. Für den Bruchteil einer Sekunde nehmen wir die Stellung aller Ruder wahr. Das Höhenruder ist kräftig gezogen, man spürt die Steuersäule förmlich näher an der Brust. Das Querruder ist inzwischen deutlich nach links ausgeschlagen, da die äußere linke Fläche ja jetzt viel schneller fliegt und deswegen mehr Auftrieb erzeugt, und das Seitenruder ist deutlich nach rechts ausgeschlagen, denn die Maschine soll ja nach rechts drehen, und auch der Korkenziehereffekt und der hohe Anstellwinkelunterschied der auf- oder abwärtsstrebenden Propellerblätter machen sich jetzt wieder bemerkbar. Wie wir uns vom Start her erinnern, wollen beide das Flugzeug nach links drehen lassen.
Der Horizont saust vor unseren Augen von rechts nach links über die Motorverkleidung, und es wird Zeit, den Kurs zu überprüfen. Bei der geringen Fluggeschwindigkeit erreicht unsere Tante in einer Steilkurve eine hohe Drehrate, und schon läuft die Kursmarke von rechts ein, Zeit die Kurve auszuleiten. Gleichzeitig geben wir linkes Querruder, lassen den Druck aus dem Seitenruder entweichen und erst langsam und dann im-

mer deutlicher den Zug am Höhenruder nach. Wir passieren 30° Hängewinkel, „manifold minus 2!" und erreichen im besten Fall genau auf dem Ausgangskurs wieder den Geradeausflug in (ungefähr) der Ausgangshöhe und mit (ungefähr) der Ausgangsgeschwindigkeit. Pause – Luftholen. Eine wunderbare und effektive Koordinationsübung.
Nun soll eine Steilkurve nach links folgen. Der wunderbare Trick mit der Motorverkleidung funktioniert nun nicht mehr. Würden wir analog verfahren, würden wir in einen Spiralsturz einfliegen. Wir müssen also ins kalte Wasser springen und uns eine Marke an der Haube erfliegen. Dabei helfen uns aber die gemachten Erfahrungen. Alles ist natürlich genauso, außer, ja irgendetwas gibt es immer zu beachten, dass wir jetzt einen kleineren Seitenruderausschlag brauchen, denn die alte Dame tendiert ja eh zu einer Drehung nach links.
Gelingen uns saubere Steilkurven, werden wir es ganz einfach und automatisch erfahren, wenn wir am Ende des Kreises die eigene Wirbelschleppe treffen. Hupps, da war sie – prima!
Die Übung „Steilkurve" lässt sich noch wunderbar erweitern. Wir weisen den FI an, „climb power" zu setzen, also bei der gegenwärtigen Drehzahl den Ladedruck auf etwa 30 Zoll zu erhöhen. Dann drücken wir die Nase deutlich nach unten, um im Geradeausflug ordentlich Fahrt aufzuholen. 200 km/h, 220 km/h – wir müssen immer stärker drücken und immer mehr linkes Seitenruder geben, denn der Einstellwinkel der Seitenleitwerksflosse würde das Flugzeug immer stärker nach rechts gieren lassen. Bei 250 km/h geben wir dem Steuerdruck des Höhenruders sanft nach. Nicht Ziehen, nicht loslassen, nur behutsam nachlassen. Die Tante hebt ihre Nase, und in dem Moment, da sie durch den Horizont steigt, legen wir das Querruder nach links. Gemächlich rollt die alte Dame in die Kurve. Wir lassen die Nase weiter steigen, und kurz bevor wir unsere Trimmgeschwindigkeit erreichen, müssen wir am Höhenruder zu ziehen beginnen. In dem Moment, in dem wir 45° Hängewinkel erreichen, lesen wir vom Fahrtmesser unsere Geschwindigkeit ab. Wenn sie genau dann 150 km/h, die Mindestgeschwindigkeit ohne gesetzte Klappen, erreicht, haben wir unseren Zielpunkt getroffen. Langsam lassen wir die Nase wieder fallen und reduzieren den Hängewinkel. Ziel ist es, die Flächen genau in dem Moment, wo wir die Horizontalfluglage erreichen, wieder parallel zum Horizont zu halten.
Na, das üben wir gleich nochmal. Und wieder gilt unser Hauptaugenmerk der Seitenruderstellung. Anfangs brauchten wir deutlichen Ausschlag nach links, dann, mit dem Abnehmen der Geschwindigkeit beim Hochziehen immer weniger. Wenn wir die Kurve beginnen, brauchen wir wieder etwas mehr Ausschlag in Kurvenrichtung. Da die Geschwindigkeit immer weiter ab- und der Hängewinkel zunimmt, steigt die Drehrate deutlich an und erfordert einen immer größeren Ruderausschlag. Ab dem Scheitelpunkt ändern sich Drehrate und Geschwindigkeit in umgekehrtem Sinne, und erfordern wieder dazu passende Seitensteuereingaben. Wir bewegen also pausenlos alle Ruder. Natürlich fällt die Tante nicht aus dem Himmel, wenn man das nicht so genau macht – wir wollen es aber schön machen, und die alte Dame behutsam und gekonnt bei ihrem langsamen Walzer über den Himmel führen.
Wir können den Schwierigkeitsgrad auch noch einmal erhöhen, wenn wir uns zum Ziel setzen, in dem Augenblick, wo wir den Scheitelpunkt der Flugbahn mit der geringsten Fluggeschwindigkeit und 45° Hängewinkel erreichen, den Kurs um genau 90° und am Ende der Sequenz um 180° geändert zu haben. Aber für heute soll es erstmal genügen.
Wir haben nun schon ein paar Manöver geflogen und Tantchen schon recht gut kennengelernt. Die wichtigste Erkenntnis bis hierhin lautet: Der Blick nach draußen an den natürlichen Horizont ist – wenn unter Sichtflugbedingungen geflogen werden kann – wichtiger als der auf die Instrumente. Die Instrumente dienen eigentlich nur dazu, uns zu bestätigen, dass wir alles richtig gemacht haben. Kleine Abweichungen von den Vorgaben werden bei dieser ursprünglichen Art zu fliegen, immer auftreten und natürlich müssen Abweichungen von Vorgaben oder selbstgesetzten Zielen qualitativ und quantitativ erkannt werden. Aber sicher fliegen kann man die Ju auch ohne den ganzen Kram. Lediglich die Instrumente, die über den Zustand der Motoren Auskunft geben, sind insofern unverzichtbar, als dass sie verhindern können, dass die Motoren durch Fehlbedienung zerstört werden.
Wir könnten uns zum Beispiel einfach einen Putzlappen über die Fluginstrumente hängen und minutenlang weiterfliegen, ohne dass sich der Flugzustand wesentlich ändern würde. Wenn die Leistung konstant bleibt, wir die Fluglage halten, oder noch einfacher das Flugzeug einfach seine Lage beibehalten lassen, das Fahrtgeräusch sich nicht wesentlich ändert, und wir immer noch denselben Punkt am Horizont voraus sehen, dann fliegen wir mit Sicherheit noch mit derselben Geschwindigkeit und in derselben Höhe und Richtung wie vorher.
So mache ich es mit meinen Segelflugschülern, wenn die ihre Augen nicht von dem Uhrenladen vor sich lassen können. Und siehe da, auch ausgedehnte Thermikflüge kann man ganz ohne Instrumente sicher absolvieren. Ordentlich konstruierte Flugzeuge wissen von ganz alleine, wie sie zu fliegen haben. Man muss sie nur wissen lassen, was sie gerade tun sollen.
Wir haben uns bei unserem ersten Übungsflug eine Pause verdient. Um aber auch dabei mehr über die Ju zu erfahren, weisen wir den FI an, die Reiseleistung auf 55% zu drosseln. Dabei beträgt die Motordrehzahl nur noch 1.650 min^{-1}. Bei der geringen Masse, mit der wir z.Zt. unterwegs sind, kommen wir immer noch zügig voran. Allerdings merken wir, dass der Mo-

Eine Wolkenstraße voraus, da juckt es den Segelflieger, die Aufwinde zu nutzen, um schneller fliegen zu können.

Dieser Regenbogen war für die Passagiere nicht zu sehen.

torlauf rauer zu sein scheint. Wahrscheinlich treffen die von den Motoren ausgehenden Schwingungen irgendeine Resonanzfrequenz der Flugzeugzelle. Für den Augenblick nehmen wir das aber einfach hin.

So bummeln wir durch den Himmel und stellen uns vor, was die Passagiere, die wir bei einem Rundflug dabeihaben werden, in ihrem Sitz so wahrnehmen würden. Ihr wichtigstes Anliegen neben dem puren Fluggenuss ist es, die Landschaft und die Städte, über die sie hinweg schweben, zu sehen. Und um ihnen das, was sie sehen wollen, auch richtig zeigen zu können, müssen wir so fliegen, dass sie es von ihrem Platz aus auch erblicken können.

Ein Tiefdecker bietet dafür ja nicht eben ideale Voraussetzungen, zumal wir beim Gang um das Flugzeug festgestellt haben, dass die Tiefe der Flächenwurzel ja fast der Länge der gesamten Kabine entspricht. Wenn wir aus der Kanzel also eine Sehenswürdigkeit entdecken und knapp daran vorbeifliegen, wird sie für unsere Passagiere wahrscheinlich nicht zu bestaunen sein, weil der Flügel die Sicht versperrt. Erste Regel also: ausreichend seitlichen Abstand halten. Aber selbst dann müssen wir zumindest einen Augenblick lang in den Kurvenflug gehen, um den Blick auf das Objekt der Begierde frei zu geben. Wenn wir dabei nach Regel eins einen ausreichenden Seitenabstand eingehalten haben, müssen wir nicht so steil kreisen, und wenn wir nicht so steil kreisen, ist die Drehrate geringer, und der Blick wird länger freigegeben. Das ist durchaus wichtig, denn vielleicht will jemand ein Foto machen. Regel zwei lautet also, nicht steiler zu kurven, als unbedingt nötig. Wenn wir aus dem Cockpit das Schloss, die Kirche oder das Stadtzentrum über der im Kurvenflug geneigten Flächenspitze sehen können, kann der Gast es auch. Und der Gast auf der „falschen Seite" kann es auch sehen, wenn er durch das ihm gegenüberliegende Fenster schaut. Lassen Sie es uns einmal ausprobieren. Irgendwo da unten wird sich ein Fixpunkt ausmachen lassen. Zum Üben taugt auch ein Autobahnkreuz, ein Bahnhof oder ein Möbelmarkt oder was auch immer. Wir visieren ihn an und fliegen so, dass wir ihn querab passieren werden. Und dann drehen wir einfach noch ein paar Grad von dem Objekt weg, um den Abstand noch ein wenig zu vergrößern. Es zuckt in der Hand, als wir genau querab sind. Nein, wir fliegen noch ein Stück geradeaus, und dann drehen wir so ein, dass die Flügelspitze etwas unterhalb des Zielpunktes zeigt. Und nun erkennen wir sofort, warum Regel drei lautet: ein Stück dran vorbeifliegen. Wir sehen nämlich, wie der Punkt scheinbar langsam von hinten nach vorne wandert. Würden wir den Kreis fortsetzen, würde unser Fixpunkt irgendwann doch unter der Fläche verschwinden. Der Grund dafür ist banale Geometrie. Tantchen ist so langsam, dass der Kurvenradius auch bei flachen Kurven klein ist.

Im praktischen Rundflugbetrieb werden wir bei solchen Gelegenheiten Kursänderungen von etwa 60° weg von der Anflugkurslinie machen, um dann den alten Kurs wieder aufzunehmen, wenn der Fixpunkt nicht einen Wendepunkt auf der geplanten Flugroute darstellt. Wollen wir aber wenden und einen neuen Kurs aufnehmen, können wir unseren Passagieren am meisten bieten, wenn wir die Kursänderung in Segmente von jeweils etwa 60° aufteilen und zwischendurch immer wieder ein kurzes Stück geradeaus fliegen. Und wieder erkennen wir dabei, wie wichtig es ist, dass einer der beiden Piloten den Luftraum intensiv nach anderen Flugzeugen absucht, denn die Wahrscheinlichkeit, über einer Sehenswürdigkeit auch andere Flugzeuge anzutreffen, ist deutlich größer als Null. Einer fliegt, einer navigiert und schaut raus, einer überwacht die Motoren – das sind und bleiben drei!

Genug geträumt, wir haben noch ein paar Punkte abzuarbeiten. Als nächstes wollen wir uns die Langsamflugeigenschaften der alten Dame erfliegen. Natürlich ist das ein relativer Begriff, denn langsam ist die Tante ja sowieso.

Wir beginnen wieder damit, dass wir uns einen Fixpunkt am Horizont suchen und den FI anweisen, die Motordrehzahl wieder auf 2.100 min-1zu erhöhen, damit wir jederzeit eine hohe Leistung setzen können. Wir stellen auch sicher, dass das Gemisch auf voll reich eingestellt ist. Wenn alles gesetzt ist, reduzieren wir den Ladedruck der Pratts auf 18 bis 20 Zoll. Sofort will das Flugzeug die Nase runternehmen, denn wenn sich die Motorleistung reduziert, nimmt auch die Anblasung der Tragflächen und damit der Auftrieb ab. Wir müssen also das kopflastige Moment „wegziehen" und mit dem sofort einsetzenden Abbau der Fluggeschwindigkeit den Anstellwinkel erhöhen, um die Flughöhe zu halten, also „zweimal ziehen". Und natürlich müssen wir auch das Seitenruder gefühlvoll bedienen, denn mit der veränderten Anblasung des Leitwerkes ändert sich auch die durch den Einstellwinkel der Flosse verursachte Querkraft am Heck. Die Nadel des Fahrtmessers passiert die 150 km/h-Markierung, und wir machen uns kurz bewusst, dass wir jetzt den normalen Betriebsbereich verlassen. Ab dieser Geschwindigkeit sollten wir eigentlich die Klappen ausfahren (lassen). Aber wir machen eben das ja nun in voller Absicht nicht. 140 km/h laufen durch, und wenn wir 130 km/h halten wollen, diese Geschwindigkeit liegt noch deutlich über der Geschwindigkeit, ab der wir einen Strömungsabriss zu erwarten haben, muss jetzt die Leistung erhöht werden. 22 oder 23 Zoll Ladedruck werden hinkommen.

Die Nase des Flugzeuges zeigt nun deutlich weiter nach oben, als wir es bisher gewohnt waren, und wir müssen am Höhenruder ziehen, um diese neue Lage zu halten. Mit der linken Hand halten wir das Steuerhorn und die rechte sucht nun neben dem Sitz nach dem großen Trimmrad. Wir drehen es „ein

Zu nah dran und zu früh eingekurvt, das Schweriner Schloss wird gleich aus dem Blickfeld verschwinden.

paar Schläge" nach hinten, um die Höhenleitwerksflosse zu verstellen und unsere linke Hand vom notwendigen Zug am Höhenruder zu befreien. Als wir wieder die Zeit finden, den natürlichen Horizont zu beachten, registrieren wir, dass unser Zielpunkt nicht mehr zu sehen ist. Beim Blick auf die Kompasskarte des elektronischen Navigationsinstrumentes zeigt sich der Grund dafür. Wir haben unseren Kurs verkleinert, sind also ohne einen Hängewinkel einzunehmen langsam und fast unmerklich nach links weggedreht. Und wenn wir über die Motorverkleidung nach vorne peilen, sehen wir auch, wie die Ju langsam und gleichmäßig nach links giert. Bevor wir ins rechte Seitenruderpedal treten, überprüfen wir den Flugzustand zusätzlich noch durch einen Blick auf die Libelle am unteren Rand des künstlichen Horizontes. Der Ball steht ein wenig nach rechts aus der Mitte. Wir müssen also Seitensteuer rechts geben, um wieder einen koordinierten Flugzustand zu erreichen. Nachdem der Ball wieder in der Mitte steht, nehmen wir die Seitenruderstellung bewusst wahr. Der Ausschlag ist schon deutlich, viel mehr registrieren wir aber die Kraft, die erforderlich ist, um ihn zu halten. Da unser rechtes Bein noch recht stark angewinkelt ist, ermüdet die Oberschenkelmuskulatur spürbar. Zeit, die Seitenruder„trimmung" auszuprobieren.

Wir hatten ja schon bemerkt, dass das Seitenruder nicht über eine Trimmklappe verfügt, also muss uns die Apparatur am Bodenblech vor dem Steuerknüppel beim Aufbringen der notwendigen Kräfte unterstützen. Es handelt sich dabei tatsächlich um eine Mischung aus Flaschenzug und Expander. Durch Verstellen der großen, gelb lackierten Hebel werden die Gummibänder gereckt, die durch ihre Vorspannung dann auf die Pedale Kraft ausüben. Jetzt müssen wir nur noch an dem richtigen Griff ziehen, um uns das Leben zu erleichtern und nicht den falschen, um es uns noch schwerer zu machen. Merkregel: die beiden Griffe müssen so zueinanderstehen wie die Pedale. Im augenblicklichen Flugzustand haben wir das rechte Pedal ein Stück weit ausgetreten, also müssen wir den linken Hebel nach hinten ziehen. Rechts ist weiter vorne als links. Wir greifen mit der linken Hand den Griff, bewegen den ganzen Hebel nach außen und ziehen ihn dann zu uns hin, bevor wir ihn wieder einrasten lassen. Und wir verspüren eine große Erleichterung.

Als nächstes beginnen wir vorsichtig eine Kurve nach rechts zu fliegen. Dabei beschränken wir uns auf 15° Hängewinkel, denn wir haben ja nur einen reduzierten Abstand zur Überziehgeschwindigkeit. Außerdem ist die erreichbare Drehrate bei der geringen Fluggeschwindigkeit ohnehin schon recht hoch. Langsam rollen wir das Flugzeug durch eine kleine Drehung des Steuerhorns in Schräglage und erhöhen den Seitenruderausschlag. Zum Beenden der Rollrate müssen wir das Steuerhorn ein wenig nach links ausschlagen und dort lassen, denn je langsamer wir fliegen, desto größer wird der relative Geschwindigkeitsüberschuss des Außenflügels. Der Flugzustand ist jetzt wieder quasistationär und wir konstatieren: Seitenruder deutlich in Drehrichtung nach rechts ausgeschlagen, Querruder gegen Kurvenrichtung leicht nach links.

Kurvenwechsel nach links. Das Querruder, das ja schon nach links ausgelenkt ist, muss noch weiter nach links gedreht werden, beim Seitenruder lassen wir nur etwas Druck nach. Das Flugzeug folgt brav den Steuereingaben, und beim Erreichen von 15° Querneigung nach links stabilisieren wir den Flugzustand wieder. Das Seitenruder ist, obwohl wir nach links kurven, immer noch leicht nach rechts ausgeschlagen. Und auch das Querruder zeigt jetzt ein wenig nach rechts. Wir fliegen also mit Querruder und Seitenruder in Rechtslage eine Linkskurve! Der uns inzwischen schon gut bekannte Korkenziehereffekt und die unterschiedliche Anblasung der Propellerblätter erzeugen ein so starkes Giermoment nach links, dass es zu den dem Drehsinn entgegengesetzten Ruderstellungen kommt.

Wir fliegen wieder geradeaus und tasten uns weiter an die Eigenschaften der Ju heran. Am Horizont sehen wir in einiger Entfernung eine Landmarke, auf die wir zuhalten. Wenn alles stabilisiert ist, das Flugzeug genau geradeaus fliegt, geben wir einen kurzen Impuls ins Querruder, z.B. nach rechts und lassen es dann gleich wieder kraftfrei. Dabei bemerken wir, dass das Flugzeug kaum nach rechts rollt, dafür aber kräftig nach links giert. Wenn wir in dem Moment, wo die Nase danach wieder „zurückkommt" einen Impuls ins Querruder nach links geben, giert die Nase umso kräftiger nach rechts und schießt deutlich über die Nulllage hinaus. Dann wieder im rechten Moment einen Impuls nach rechts, und nach kürzester Zeit schwingen wir ohne nennenswerte Querlage kräftig um die Hochachse. Die Tante kann sich besonders in dieser Konfiguration mit mäßiger bis geringer Leistung und einer Geschwindigkeit um 130 km/h um die Hochachse richtig aufschaukeln. Wir befinden uns jetzt in einer ähnlichen Konfiguration wie beim Endanflug. Wenn wir speziell im kurzen Endanflug kleine Richtungskorrekturen nur mit dem Querruder vornehmen und das Seitenruder dabei nicht angemessen einsetzen, erzeugen wir uns unseren Korrekturbedarf ständig selbst neu. Aber das sehen wir später.

Wir nehmen wieder Kurs auf und stellen die „Seitenrudertrimmung" wieder neutral. Dann weisen wir den FI an, den Ladedruck weiter auf 17 bis 18 Zoll zu reduzieren. Die Nase will sofort sanft nach unten wegsacken, aber wir halten sie mit dem Höhenruder wieder fest und heben sie mit langsam abnehmender Geschwindigkeit sogar unter kräftiger werdendem Zug am Höhenruder an. Unter Beibehaltung der Höhe nimmt die Geschwindigkeit langsam weiter ab. 120 km/h, die Nase zeigt immer steiler nach oben, das rechte Seitenruder muss immer weiter ausgetreten werden. 115 km/h, die Ruderlagen werden immer extremer und langsam werden die Ruder auch „weich", da der Staudruck, gegen den wir die Ruder auslenken müssen, immer weiter abnimmt. Würde man den Flieger in diesem Zustand austrimmen, würde man deutlich merken, wie klein die Ruderkräfte geworden sind.

Die Tatsache, dass wir kräftig am Höhenruder ziehen müssen, um die Geschwindigkeit weiter zu vermindern oder auch nur zu halten, zeigt das ansteigende Ausmaß statischer Stabilität bei diesem Manöver mit steig zunehmender Entfernung vom Trimmpunkt. Bald spüren wir auch schon die ersten Vibrationen in der Zelle. Die Strömung beginnt sich am Hauptflügel von hinten nach vorn langsam abzulösen, und die abgehenden Wirbel treffen auf das Höhenleitwerk. Wir nähern uns unverkennbar dem überzogenen Flugzustand. Um ihn sicher zu beenden reicht es aus, dem Zug am Höhenruder nachzugeben. Sofort taucht die Nase ab, und das Flugzeug holt unter Höhenverlust Fahrt auf. Die Vibrationen klingen ab, und wir können die Längsneigung durch Zug am Höhenruder wieder leicht anheben.

Wir planen die erste Landung

Für unsere erste Übungseinheit soll es genug sein, und wir nehmen Kurs zurück zum Flugplatz. Da wir von den Übungen immer noch eine ordentliche Flughöhe haben, können wir uns und dem Flugzeug einen gemächlichen, langen Sinkflug gönnen. Wir lassen uns vom FI einen Ladedruck von etwa 20 Zoll und eine Drehzahl von 1.800 U/min setzen und erreichen bei einer Sinkrate von etwa 500 fpm unsere normale Reisefluggeschwindigkeit von etwa 180–190 km/h. Das Seitenruder können wir dabei los- und einfach geradeaus wehen lassen. Mit dem eingestelltem Ladedruck verhindern wir ein allzu schnelles Abkühlen der Motoren.

Im Gegenanflug zur Landung.

Im linken Queranflug auf die Piste 27 L in Hannover, EDDV.

Wir lassen die „approach checklist" lesen und ordnen uns in etwa 1.000 feet über Platzhöhe in den linken Gegenanflug der Platzrunde ein. Wenn wir die Motorleistung unverändert lassen, baut sich die Geschwindigkeit jetzt langsam ab.
Bei 150 km/h ordern wir „flaps 10!" und lassen die Fahrt bis auf 140 km/h zurückgehen. Dann verlangen wir „RPM 2.100, manifold 22!" und können mit dieser Einstellung Flughöhe und Geschwindigkeit halten. Wir setzen den Gegenanflug fort, bis der Aufsetzpunkt ungefähr 45° hinter dem Flügel liegt und kurven in den Queranflug.

Den Ladedruck reduzieren wir weiter auf 15 Zoll und beginnen einen leichten Sinkflug. Mitte Queranflug lassen wir die Klappen auf 25° setzen, und das ist auch das Signal an den CoPi die Vergaservorwärmung auf „kalt", und an den FI, die Propellerhebel auf hohe Drehzahl zu stellen. Jetzt legen wir die Hand selbst auf die Drosselhebel und kurven in den Endanflug. Die „final checklist" wird gelesen und nun konzentrieren wir uns nur noch auf die Anflugrichtung, den Gleitweg und die Geschwindigkeit. Bei Windstille oder schwachem Wind soll sie 130 km/h betragen, der anvisierte Aufsetzpunkt liegt 100 m

Im Endanflug (Hannover Piste 27L) mit Luvwinkel nach rechts.

hinter der Landebahnschwelle. Wenn wir im richtigen Anflugwinkel fliegen, können wir die Leistung unverändert lassen, kleine Abweichungen vom idealen Gleitweg können mit dem Höhenruder ausgesteuert werden, dabei müssen wir die Fahrt nicht sklavisch genau einhalten. Der Aufwand bei der Bedienung der drei Drosselhebel stünde in keinem Verhältnis zum Erfolg, und es erforderte viel zu viel Aufmerksamkeit, die Leistung symmetrisch zu setzen. Kommen wir jedoch deutlich zu hoch, müssen wir den Ladedruck reduzieren. Je rechtzeitiger wir die Notwendigkeit dazu erkennen, desto kleiner kann die Korrektur ausfallen. Unter 12 Zoll sollten wir den Ladedruck allerdings nicht setzen, weil die Motoren dann erstens zu sehr auskühlen, und wir zweitens riskieren, dass beim Gasgeben zum Durchstarten einer der Motoren nicht nachkommt und sich verschluckt. Geraten wir zu tief, erhöhen wir den Ladedruck leicht auf 17 oder 18 Zoll, das sollte ausreichen.

Beim Bestreben, genau auf der Anfluggrundlinie zu bleiben, erinnern wir uns an die Übung, bei der wir das Flugzeug mit dem Querruder in Schwingungen um die Hochachse versetzt haben. Wir tun uns im Endanflug in einem ähnlichen Flugzustand erheblich leichter, wenn wir kleine Richtungskorrekturen mit dem Seitenruder vornehmen und mit dem Querruder „begleiten“. Würden wir nämlich bei einer notwendigen kleinen Kursänderung nach rechts nur etwas rechtes Querruder geben, würde die Nase nach links gieren. Das könnten wir nur ausgleichen, wenn wir noch mehr rechtes Querruder gäben. Ist die notwendige Kurskorrektur dann erfolgt und wollen wir den Hängewinkel nach rechts mit Querruder links wieder zurücknehmen, würde die Nase jetzt noch weiter nach rechts gieren. Noch mehr linkes Querruder würde erforderlich, und die Abweichungen würden immer größer. Es wäre dasselbe Aufschaukeln, das wir in der Luft mit Absicht angefacht haben.

Geben wir jedoch etwas Seitenruder in die beabsichtigte Richtung und folgen mit dem Querruder, machen wir uns die Arbeit erheblich leichter, selbst wenn wir kurzzeitig nicht ganz koordiniert fliegen.

Die Geschwindigkeit ist ausreichend konstant, wir sind im richtigen Bahnwinkel auf der Mittellinie und überfliegen die Schwelle. Das ist der richtige Augenblick, die Drosselhebel ganz zu schließen. Sofort erhöht sich die Sinkrate, wir müssen also gleichzeitig mit dem Abfangbogen beginnen. Langsam ziehen wir das Höhenruder zu uns heran. Unser Ziel ist es, zunächst nur mit den Haupträdern aufzusetzen und ein Stück weit in Zweipunktlage zu rollen, bevor wir bei ungefähr 100 km/h das Spornrad sanft absetzen. Würden wir das Heck zu früh absenken, liefen wir Gefahr nochmal einen kleinen Hüpfer oder einen kurzen Flug zu machen, da der dann wieder höhere Anstellwinkel und bei der Geschwindigkeit noch ausreichend Auftrieb erzeugen würde. Natürlich könnten wir die Tante auch langsamer anfliegen und in der Luft mit weit gezogenem Höhenruder solange aushungern, bis sie auf alle drei Räder gleichzeitig plumpst und so auch die Landestrecke nochmals deutlich verkürzen. Wir würden uns dabei aber auch Nachteile einhandeln. Die Sicht nach vorne wäre schlechter, die Ruderwirkung ließe nach, und wenn wir doch noch durchstarten müssten, könnten wir das plötzlich auftretende Giermoment kaum ausgleichen, wenn ein Außenmotor nicht „mitkäme“. Und bei den verfügbaren Pistenlängen ist es wahrlich nicht nötig, besonders kurz zu landen. Wenn wir mit korrekter Geschwindigkeit anfliegen, bei etwa 120 km/h aufsetzen, den Sporn bis 100 km/h in der Luft halten, das Heck dann absetzen und sanft bremsen, reichen 600–700 m Landestrecke allemal aus.

Kurz vor dem Aufsetzen (Lärz-Rechlin) mit nach rechts hängender Fläche zum Ausgleich des Seitenwindes.

Abrollen von der Piste mit noch voll ausgefahrenen Landeklappen, Darmstadt, 2009.

Nun müssen wir aber der Richtungshaltung noch unsere ganze Aufmerksamkeit schenken. Am Anfang wird es uns kaum gelingen, exakt ausgerichtet zu landen, ein kleiner Schiebewinkel wird auftreten, und dann saust die Tante sofort, nachdem die Räder Kontakt mit Mutter Erde haben, nach links oder rechts auf die Schulter der Piste zu. Da ist dann wieder schneller und entschlossener Einsatz des Seitenruders gefragt. Nur dass es jetzt nicht vom Strahl des Mittelmotors kräftig angeblasen wird, und deswegen deutlich weniger wirkt. Wir müssen also ggf. große bzw. sogar Vollausschläge ausführen. Es ist also wichtig, dass wir möglichst gerade aufsetzen. Dazu müssen wir uns an die Stelle der Motorgondel erinnern, die wir

uns beim Start eingeprägt haben. Bei Seitenwind „treten“ wir den Flieger bei Beginn des Abfangbogens gerade, das heißt wir geben soviel Seitenruder nach Lee, dass die Längsachse des Flugzeuges parallel zur Pistenmittellinie ausgerichtet ist. Dann etwas Querruder in den Wind, um die luvseitige Fläche hängen zu lassen. Im Idealfall setzt die alte Dame dann mit dem zum Wind zeigenden Hauptrad zuerst auf. Die Querruder sind übrigens bei dieser Geschwindigkeit noch so wirksam, dass man ein ordentliches Stück weit auf nur einem Rad rollen könnte – aber wozu?

Wenn die Ju auf dem Hauptfahrwerk rollt, müssen wir die Richtung wie schon erwähnt mit dem Seitenruder kontrollieren. Bei Seitenwind hilft es wie auch beim Start, das Querruder deutlich in den Wind auszuschlagen. Das abwärts ausgeschlagene Querruder auf der Lee-Seite korrigiert durch seinen erhöhten induzierten Widerstand den durch das Seitenleitwerk ausgelösten Wetterfahneneffekt bis zu einem gewissen Grad. Wenn der CoPi 100 km/h ausruft, setzen wir das Heck ab, spüren dabei wieder den Einfluss der Präzession der Propeller, und können nun sanft bremsen.

Wir nehmen den nächsten Abrollweg und zuckeln zum Abstellplatz. Der FI räumt derweil den Flieger auf, d.h. er kurbelt die Klappen wieder auf 10°, wenn noch ein weiterer Start geplant ist. Sonst fährt er sie ganz ein. Beim Einrollen in die Abstellposition machen wir noch eine ganz neue Erfahrung. Viele Einwinker auf den Flugplätzen sind es gewohnt, sich genau vor das Flugzeug zu stellen. Da können wir sie wegen der Motorverkleidung des Mittelmotors aber nicht sehen und es sollte eigentlich doch klar sein, dass, wenn sie uns nicht sehen können, wir sie auch nicht sehen können. Da hilft nur anhalten, Fenster öffnen und gestikulieren. Erst wenn sie von uns aus gesehen ein Stück nach links treten, können wir ihre Zeichen erkennen und ihren Anweisungen folgen.

Parkbremse setzen, Hydraulikdruck kontrollieren und dann noch ein Blick auf die Zylinderkopftemperaturen. Solange sie 200°C nicht unterschritten haben, sollen die Motoren noch weiter abkühlen. Wenn alles passt, zieht der FI die Gemischhebel nach oben auf „arm“, und die Motoren verstummen. Die Batterien werden ausgeschaltet, und es wird ruhig.

Während sich der Mechaniker um das Flugzeug kümmert und überall nach dem Rechten sieht, gehen wir die gewonnenen Eindrücke noch einmal bei einer Nachbesprechung und einem Pott Kaffee durch.

Die Tante in Begleitung zweier Messerschmitt Me 108 „Taifun".

LUFTHANSA
BERLIN-TEMPELHOF

klein. Fällt hingegen Motor 1 aus, erreicht das von Motor 3 ausgelöste Giermoment einen erheblich größeren Betrag. Motor 1 ist also der kritische Motor, bei dessen Ausfall die größten Nachteile entstehen.

Wir wollen uns jetzt einmal in Ruhe klarmachen, welche Kräfte und Momente am Flugzeug entstehen bzw. sich nachhaltig verändern, wenn der kritische Motor 1 ausfällt. Dazu stellen wir uns vor, dass das Flugzeug gerade abgehoben hat, und wir uns mit 130 km/h im Anfangssteigflug befinden.

Betrachten wir zuerst die einwirkenden Kräfte:

Kräfte in Richtung der Längsachse x sind

- der verbleibende Schub der Motoren 2 und 3 und
- alle Einzelwiderstände
- eine marginale Komponente des Auftriebes, die nach hinten zeigt

Sie sind entgegengesetzt gerichtet und gleichgroß und heben sich damit in ihrer Wirkung auf, die Fluggeschwindigkeit bleibt konstant.

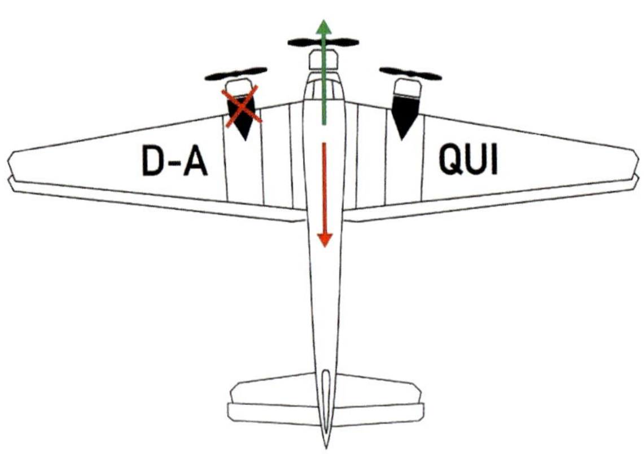

Kräfte (Schub und Widerstand) in Richtung der Längsachse.

Kräfte in Richtung der Hochachse z sind

- alle aerodynamisch erzeugten Auf- und Abtriebskräfte
- alle Massenkräfte
- eine marginale Komponente des Schubes, die nach oben zeigt

Sie sind entgegengesetzt gerichtet und gleichgroß und heben sich damit in ihrer Wirkung auf, die Vertikalgeschwindigkeit bleibt konstant.

Einstellwinkels

Sie sind nur teilweise entgegengerichtet und heben sich in ihrer Wirkung NICHT auf. Die durch den rechten Seitenruderausschlag nach links wirkende Kraft ist vom Betrag her erheblich größer als die restlichen genannten, und in Richtung der Querachse herrscht kein Kräftegleichgewicht!

Zur Beschreibung der Flugleistungen und der Bewegungsrichtung eines Flugzeuges ist es zulässig und ausreichend, alle am Flugzeug angreifenden äußeren Kräfte **als im Schwerpunkt** angreifend anzunehmen. Damit ergibt sich folgendes einfaches Bild für das ohne Hängewinkel mit gleichmäßiger Vorwärts- und Vertikalgeschwindigkeit fliegende Flugzeug (ohne Widerstand).

Lieber Leser,

vielen Dank für Ihre Antwort.
Nur durch Ihre Anregungen und Ihre Kritik können wir uns ständig verbessern.
Bitte schreiben Sie uns doch auf dieser Antwortkarte, wie Ihnen das Buch gefallen hat.

Autor und Titel des Buches:

Meine Meinung zu diesem Buch:

☐ sehr gut ☐ gut ☐ weniger gut ☐ nicht so gut

Kommentar:

Schreiben Sie uns und gewinnen Sie!

Unter den Einsendern werden jeden Monat 10 Büchergutscheine im Wert von jeweils € 50,– verlost.

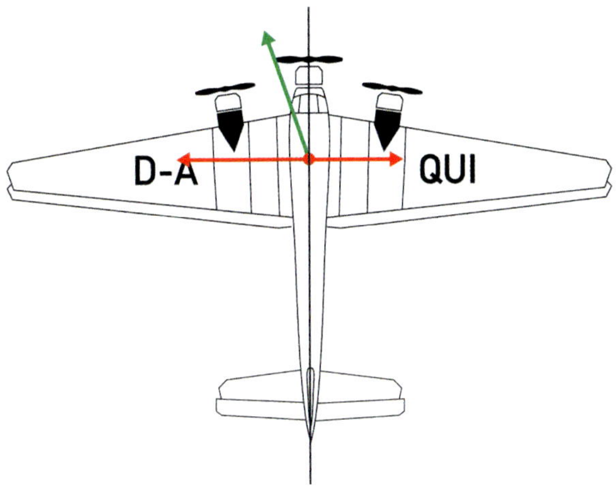

Zusammengefasste Kräfte in Richtung der Querachse und resultierende Bewegungsrichtung des Flugzeuges.

Der dargestellten Kraft nach links wirkt keine andere Kraft kompensierend entgegen, alle anderen äußeren Kräfte stehen im Gleichgewicht und sind deswegen nicht dargestellt. „Ein Körper verharrt im Zustand der Ruhe oder der gleichmäßigen, geradlinigen Bewegung, wenn keine äußeren Kräfte auf ihn einwirken!“
Diese Bedingung ist nicht erfüllt, und das Flugzeug wird eine sich allmählich beschleunigende Bewegung nach links ausführen und dabei einen stets anwachsenden Schiebewinkel einnehmen. Erst wenn bei erreichtem Schiebewinkel nach links durch die Anblasung der linken Rumpfseite eine nach rechts gerichtete Kraft erzeugt wird, die genauso groß wie die durch den Seitenruderausschlag erzeugte ist, wird sich die Bewegung nach links nicht mehr beschleunigen und ein dann stationärer Schiebewinkel eingenommen sein. Dieser Schiebewinkel führt zu einer erheblichen Widerstandserhöhung und damit Abnahme des Steigwinkels.
Durch Einnahme eines kleinen Hängewinkels nach rechts erfährt der Auftriebsvektor eine entsprechende Neigung und bildet eine nach rechts gerichtete Komponente, die der durch den Seitenruderausschlag ausgelösten Querkraft nach links das Gleichgewicht halten kann. Die Gewichtskraft bleibt natürlich weiterhin senkrecht zur Erdoberfläche gerichtet.

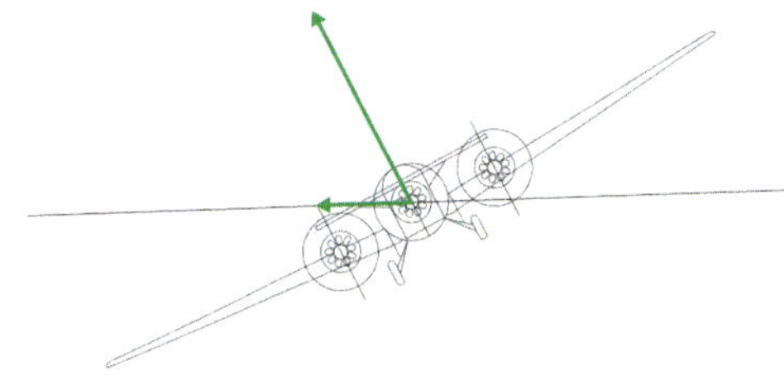

Hängewinkel (übertrieben dargestellt) zum lebenden Motor, Komponente des Auftriebes wirkt nach rechts.

Die Momente:

<ins>Einstellwinkel der Seitenleitwerksflosse:</ins> die Flosse hat einen Einstellwinkel nach links und erzeugt bei Anströmung parallel zur Flugzeug*längsachse* eine **Seitenkraft nach links**, die zusammen mit dem Hebelarm von ihrem Druckpunkt zum Hautfahrwerk (am Boden) oder zum Schwerpunkt des Flugzeuges (in der Luft) ein **rechtsdrehendes Giermoment** erzeugt. Da der Schwerpunkt hinter dem Aufstützpunkt des Fahrwerks liegt (liegen muss), nimmt dieses Moment schlagartig ab, wenn sich die Räder vom Boden lösen.

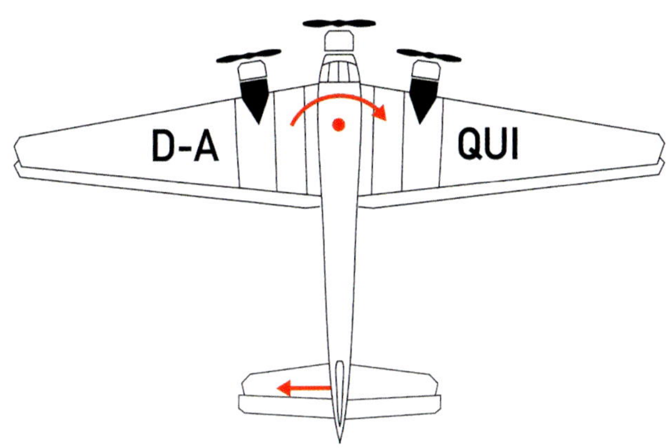

Rechtsdrehendes Moment infolge des Einstellwinkels der Seitenleitwerksflosse.

<ins>Korkenziehereffekt:</ins> die Motoren drehen in Flugrichtung gesehen rechts herum. Dadurch erfährt der Propellerstrahl einen Drall und bewegt sich in einer korkenzieherartigen Rechtsdrehung um den Rumpf nach hinten zu. Am Heck trifft der Anteil, der unter dem Rumpf hindurch strömt, ins Leere, während der Teil, der über dem Rumpf entlangfließt, von links auf das Seitenleitwerk trifft. Er erzeugt dabei eine **Querkraft** in Richtung der *Querachse* **nach rechts**, die zusammen mit dem Hebelarm zum Schwerpunkt (in der Luft) ein nach **links wirkendes Giermoment** erzeugt.

Der langsame Walzer ist zu Ende

Wir haben den Abstellplatz erreicht, die Motoren sind abgekühlt, und das Motorgeräusch verstummt. Alle Hebel werden in die Position für das Ende des Flugbetriebs gestellt, die Batterien und die Ventilatoren ausgeschaltet, das Summen der letzten Kreisel weicht der Stille. Oft haben wir erlebt, wie es in diesem Augenblick auch mit Fluggästen an Bord ganz still blieb. Meist saßen alle stumm auf ihren Plätzen und erwachten ganz langsam aus dem, was auch ein schöner Traum gewesen sein könnte. Irgendwann – nach einer gefühlten Ewigkeit durchbrach dann ein „super" oder „toll" die Stille, und die Begeisterung begann sich zu artikulieren.
Wir machen noch ein wenig Papierkram, fotografieren die Bordbuchseiten und legen sie auf dem Server ab. Ganz altmodisch decken wir dann das Cockpit mit der Plane zu, stülpen die Schutzhüllen über die Staurohre und Ansaugöffnungen der Motoren, legen die Bremsklötze vor die Räder, verschließen die Türen und streicheln der alten Dame noch einmal zärtlich über ihr blechernes Gewand. Der Mechaniker holt die Baldrianflasche aus dem Werkstattwagen, öffnet einen Tankdeckel und kippt einen ordentlichen Schluck hinein. „Schlaf gut, altes Mädchen!"

Hier, liebe Leserinnen und Leser, endet nun unser gemeinsamer Ausflug mit der legendären, unerschütterlich robusten und irgendwie auch unverzichtbaren guten, alten Tante Ju. Ich hoffe, ich habe Sie, wenn Sie es nicht eh schon waren, für dieses tolle und liebenswerte Flugzeug begeistern können. Ein Flugzeug muss nicht unbedingt noch schneller, weiter oder höher fliegen können, sondern es muss den Zweck, für den es gebaut wurde, gut erfüllen. Wenn es dann darüber hinaus auch noch so schön zu fliegen, ja liebenswert ist, dann ist es ein gutes Flugzeug. Die Ju 52 ist ein gutes Flugzeug! Oder war sie es? Ich fürchte, nach Covid 19 wird man nie wieder eine am Himmel sehen können...
Bleibt mir, meinem Schicksal zu danken, dass ich so viele Jahre wie kaum sonst jemand auf dieser Welt dieses wunderbare Flugzeug fliegen durfte.

Mit fliegerherzlichen Grüßen,
Ihr Claus Cordes

Tante und Stieglitz bei Vollmond in Lübeck, 15. Oktober 2006, beide Baujahr 1936.

Der Autor auf seinem letzten Flug in Diensten des Kranichs im A380 D-AIMF „Zürich“ von New York JFK nach Frankfurt in der Nacht vom 25. auf den 26. Juli 2019.

Begriffserläuterungen

angezeigte Geschwindigkeit

Die angezeigte Geschwindigkeit ist die auf der Skala des Fahrtmessers ausgewiesene, die durch Messung des Staudruckes bestimmt wird. Bei dieser Messung treten aber einige systembedingte Fehler auf. Unter Berücksichtigung des Instrumenten- und Positionsfehlers, der Kompressibilität und des Dichtefehlers kann man die wahre Fluggeschwindigekit bestimmen, die aber für die direkte Flugzeugführung unbedeutend ist.

Anstellwinkel

Der Anstellwinkel eines Flügelprofiles ist der Winkel zwischen der Profilsehne (Linie von der Hinterkante des Profiles zu der Stelle an der Profilnase, wo die Sehne rechtwinklig austritt) und der Anströmung der Luft. Bei gleicher Strömungs- oder Fluggeschwindigkeit nimmt der Auftrieb mit zunehmendem Anstellwinkel bis zu einem Höchstwert zu, um bei Überschreiten des maximal möglichen Anstellwinkels ziemlich abrupt zusammenzubrechen.

Avionic

Die Aviation Electronic, also flugzeugtypische Elektronik wie Funk- und Navigationsanlagen wird in Kurzform Avionic genannt.

Bahnwinkel

Der Bahnwinkel ist der Winkel zwischen der Horizontalen und dem zurückgelegten Weg des Flugzeuges nach oben oder unten. Er wird in der Flugphysik mit dem griechischen Buchstaben γ (gamma) bezeichnet.

Blattspitzengeschwindigkeit

Blattspitzengeschwindigkeit ist die Umfangsgeschwindigkeit der Blattspitzen des Propellers. Sie lässt sich aus dem Propellerdurchmesser und der Drehzahl leicht berechnen.

Brandhahn

Zwischen einem Flugzeugmotor und der Flugzeugzelle befindet sich das Brandschott, das bei Ausbruch eines Motorbrandes das Übergreifen des Feuers auf die Flugzeugstruktur verhindern soll. Durch das Brandschott hindurch verlaufen dennoch Steuer- und Versorgungsleitungen. Mit dem Brandhahn wird der Kraftstofffluss durch das Brandschott zum Motor hin angestellt.

EGPWS

Enhanced **G**round **P**roximity **W**arning **S**ystem (verbessertes Bodenannäherungswarnsystem) ist ein Gerät, das die überflogene Topographie elektronisches abgespeichert hat und Warnungen ausgibt, wenn das Flugzeug sich einem Hindernis nähert. Auch andere Warnungen, wie z.B. ein Sinkflug kurz nach dem Start können generiert werden.

Einstellwinkel

Ein Einstellwinkel ist der Winkel, unter dem eine Steuer- oder Tragfläche eines Flugzeuges zu der für sie maßgeblichen Achse des Flugzeuges verdreht eingebaut ist. Einstellwinkel werden vom Konstrukteur, Anstellwinkel hingegen vom Piloten bestimmt.

FADEC

Full **A**uthority **D**igital **E**ngine **C**ontrol, elektronische Regelung moderner Strahltriebwerke.

Flächenbelastung

Die Flächenbelastung ist ein spezifischer Wert, der in der Einheit [kg/m^2] angibt, wieviel kg Flugzeugmasse ein Quadratmeter Flügelfläche zu tragen hat. Je höher der Wert liegt, desto schneller muss mit einem ansonsten baugleichen Flügel geflogen werden, um den erforderlichen Auftrieb zu erzeugen. Bei einer vom Konstrukteur hoch gewählten Flächenbelastung stehen dem Vorteil einer hohen Reisegeschwindigkeit die Nachteile hoher Abhebe- und Anfluggeschwindigkeiten gegenüber, die längere Pisten erforderlich machen. Die mit einer hohen Flächenbelastung sinnvoll werdenden Schnellflugprofile haben oft einen engen Nasenradius und damit ein tendenziell eher kritisches Überziehverhalten, werden im Allgemeinen dann als weniger gutartig in ihrem Verhalten beim überzogenen Flugzustand bezeichnet.

Man kann also in erster Näherung mit Recht behaupten, dass Flugzeuge mit geringer Flächenbelastung langsam und gutmütig sind.

FLARM
Flight Al**arm**, ein Zusammenstoßwarngerät, das für Segelflieger entwickelt wurde. Es basiert auf dem Austausch von via GPS ermittelten Positionsdaten sich einander annähernder (Segel)flugzeuge.

Flossentrimmung
Die Masse eines Flugzeuges kann als im Schwerpunkt vereinigt gedacht werden, die Summe aller Auftriebskräfte im Druckpunkt. Durch den Abstand zwischen Schwerpunkt (vorne) und Druckpunkt (dahinter) entsteht ein kopflastiges Moment. Um dieses Moment zu kompensieren muss das Höhenleitwerk Abtrieb erzeugen. Bei geänderter Fluggeschwindigkeit und damit geändertem Anstellwinkel verschiebt sich der Druckpunkt, und damit ändert sich das kopflastige Moment. Um das Momentengleichgewicht zu halten, muss die Abtriebskraft am Höhenleitwerk variiert werden. Dazu kann das Höhenruder ausgeschlagen oder das ganze Leitwerk verdreht werden. Letztere Einrichtung nennt man Flossentrimmung.
Die Flossentrimmung hat Vorteile. Das Höhenruder muss nach dem Verstellen der Flosse nicht ausgeschlagen werden, das mindert den Widerstand des Leitwerkes und erhält die volle Höhenruderautorität, da der mögliche Ausschlag zu beiden Seiten noch voll zur Verfügung steht. Nachteilig ist der erheblich größere konstruktive Aufwand. Trimmen bedeutet also nicht eine Verschiebung des Schwerpunktes, sondern das Herstellen eines Momentengleichgewichts um die Querachse durch Einstellungen, die der Pilot im Flug am Höhenleitwerk vornimmt.

Flügelkasten
Zwischen den beiden Tragflächen eines Flugzeuges befindet sich in Rumpfmitte ein sehr stabiler Kasten, der auf seiner Oberseite bei einem Tiefdecker, bzw. an seiner Unterseite bei einem Schulterdecker den Rumpf und an den Seiten die Flügel aufnimmt. Der Flügelkasten ist das robusteste Teil eines Flugzeuges.

Flügelprofil
Als Flügelprofil bezeichnet man die Schnittfläche, die sich ergibt, wenn man einen Flügel von vorne nach hinten durchschneidet. Die Form des Profiles bestimmt die Eigenschaften eines Flügels maßgeblich.

Flügeltiefe
ist die Distanz von der Flügelvorderkante zur Flügelhinterkante.

Flugmanagementsytem
Ein Flugmanagementsystem oder „flight management system" ist ein Rechner, der sowohl laterale und vertikale Navigations- als auch Flugleistungsberechnungen vornehmen kann. Bei modernen Flugzeugen können die Ergebnisse dieser Kalkulationen direkt zur Flugzeugsteuerung auf die Flugführungssyteme wie Autopilot oder Schubregler aufgeschaltet werden.

fly-by-wire
Moderne Verkehrs- und Militärflugzeuge verfügen über eine fly-by-wire-Steuerung. Dabei gibt der Pilot seine Steuerbefehle wie bei einer konventionellen Steuerung über die Steuersäule, einen sidestick und Seitenruderpedale ein. Die Kommandos werden aber in einem Rechner in erforderliche Ruderausschläge umgerechnet und dann als elektrisches Signal an die Rudermaschinen weitergegeben und dort umgesetzt. Es besteht dabei die Möglichkeit, Ruderausschläge zu begrenzen oder sogar zu unterdrücken, um ein Verlassen des zulässigen Flugbereiches zu verhindern. Durch den Wegfall vieler mechanischer Bauteile ist eine fbw-Steuerung erheblich leichter und wartungsärmer als eine konventionelle Steuerung.

Hängewinkel
Ist der Winkel, mit dem sich ein Flugzeug „in die Kurve legt", also der Winkel zwischen der Horizontalen und der Querachse des Flugzeuges. Ein Flugzeug fliegt im „Messerflug", wenn der Hängewinkel 90° , und im Rückenflug, wenn er 180° beträgt.

Hochachse
Die Hochachse oder auch z-Achse verläuft durch den Schwerpunkt des Flugzeuges und zeigt nach unten. Sie steht senkrecht auf der Längs- und der Querachse.

HSI
Horizontal **S**ituation **I**ndicator, ist ein Navigationsanzeigegerät, dass den anliegenden Steuerkurs und die relative Lage zu einer vorgewählten Peilung zu einem UKW-Drehfunkfeuer anzeigt.

induzierter Widerstand
Die Erzeugung von Auftrieb an einem Flügel induziert (erzeugt) einen Widerstand, der jenachdem ob man die Bernoulli- oder die Newton'sche Theorie der Auftriebserzeugung vorzieht,

durch den Druckunterschied zwischen Ober- und Unterseite des Flügels und den dadurch ausgelösten Randwirbel oder durch die Ablenkung der Luft nach unten einen Widerstand erzeugt. Je höher der Auftrieb(sbeiwert) ist, desto stärker wird der induzierte Widerstand. Er macht im Langsamflug bis zu 75% und im Reiseflug etwa 35% des Gesamtwiderstandes aus.

kopflastige Momente
sind Drehmomente um die Querachse des Flugzeuges, die das Flugzeug mit der Nase nach unten drehen wollen. Sie entstehen u.a., wenn die Profilform durch Ausfahren der Landeklappen verändert wird. Wird die Flugzeugnase im umgekehrten Fall angehoben, redet man von „schwanzlastigen Momenten".

Kraftstoff-Luft-Gemisch
Im Vergaser eines Otto-Motors wird durch Verdunstung von Benzin ein zündfähiges Gemisch aus Kraftstoff- und Luftmolekülen gebildet, dass im Zylinder durch den Kolben komprimiert und dann mit einem Funken der Zündkerze entzündet wird. Die Zündwilligkeit und die Leistungsausbeute hängt in erheblichem Maße von der Zusammensetzung des Gemisches ab. Im Idealfall stehen genauso viele Luftmoleküle mit ihrem Sauerstoffanteil bereit wie zum Verbrennen aller Kraftstoffmoleküle benötigt werden. Jede Abweichung von diesem idealen, stöchiometrisch genannten Verhältnis von einem Anteil Kraftstoff und etwa 15 Teilen Luft hat Einfluss auf den Ablauf der Verbrennung. Die Flammfront im Brennraum pflanzt sich mit einer Geschwindigkeit etwa 30 m/s fort. Von einem Explosionsmotor kann also nicht gesprochen werden.
Zum Start, wenn ein Flugzeugmotor volle Leistung bei kaum vorhandener Kühlung liefern muss, verwendet man ein „fettes Gemisch". Die überzähligen Kraftstoffmoleküle, die infolge Sauerstoffmangels nicht verbrennen können, nehmen Wärme aus dem Brennraum auf und durch das Auslassventil mit ins Freie. Ein derart reiches Gemisch würde im Reiseflug den Verbrauch erhöhen. Bei Flugzeugmotoren kann das Gemisch deswegen flugphasen- und höhenabhängig manuell oder automatisch verarmt werden. Dieses Verarmen heißt im Englischen „leanen".

Ladedruck
englisch: manifold air pressure, MAP. Im Ansaugtrakt eines Kolbenmotors herrscht ein bestimmter Druck. Bei stehendem Motor ist das der Umgebungsluftdruck. Bei laufendem Motor hängt er von der Drosselklappenstellung ab. Ist die Drosselklappe vollständig geöffnet, herrscht ebenfalls (ungefähr) der Atmosphärendruck. Wird die Drosselklappe also immer mehr geschlossen, sinkt der Druck im Ansaugtrakt immer weiter ab, da der abwärtsgleitende Kolben saugt, der Trakt aber (teilweise) versperrt ist. Ein hoher Ansaugdruck bedeutet also hohe Füllung des Zylinders mit Kraftstoff-Luft-Gemisch und damit hohe Leistung.

Längsachse
Die Längsachse oder x- Achse eines Flugzeuges verläuft vom hintersten Punkt zum vordersten Punkt durch den Schwerpunkt des Flugzeuges und steht senkrecht auf der Quer- und der Hochachse.

Längsstabilität
statische Längsstabilität: wird ein Flugzeug im quasistationären Geradeausflug um seine Querachse gedreht, also die Nase angehoben oder abgesenkt, setzt es dieser Lageänderung einen Widerstand entgegen und will von sich aus in die vorherige Lage zurückkehren. Es ist also eine Steuerkraft erforderlich, um das Flugzeug aus der Ruhelage heraus zu steuern.

dynamische Längsstabilität: kehrt ein Flugzeug nach Beendigung einer Steuereingabe in Richtung des alten Flugzustandes zurück, wird es ein Stück weit „überschwingen". Nimmt die Amplitude mit der Zeit ab, zeigt das Flugzeug dynamische Längsstabilität.

negatives Wendemoment
Das negative Wendemoment ist ein Giermoment entgegengesetzt der durch Querruderausschlag eingeleiteten Kurvenrichtung, das entsteht, weil der zum Anheben des Außenflügels erforderliche Mehrauftrieb zusätzlichen induzierten Widerstand erzeugt. Infolge dreht das Flugzeug um die Hochachse entgegen der Kurvenrichtung.

Phygoide
Wird ein Flugzeug in eine Auf- und Abwärtsschwingung versetzt führt es eine Phygoide aus, deren Auslenkung gleichbleibt, zu- oder abnimmt.

Pitot- und Statiksystem
Fluggeschwindigkeit, Flughöhe und Steig- oder Sinkgeschwindigkeit werden durch Messung des statischen und des Staudruckes eines im Flug befindlichen Flugzeuges gemessen. Sämtliche Messstellen, Druckleitungen, Mess- und Anzeigegeräte, die dazu erforderlich sind, werden als Pitot- und Statiksystem bezeichnet.

Planetengetriebe
Ein Planetengetriebe ist ein Getriebe, bei dem die Achsen zueinander fluchten. Die Eingangsdrehzahl liegt bei diesem Fall über der Ausgangsdrehzahl. Der Name kommt daher, dass

zwischen dem Sonnenrad in der Mitte und dem Umlaufrad am äußeren Gehäuse mehrere kleine „Planetenräder" zur Übertragung des Drehmomentes verbaut sind.

Pleulfehler
Jeder Sternmotor hat ein Hauptpleul, das zu einem Zylinder, in der Regel Zylinder 1, gehört, und um das herum dann die Lager der Pleul der anderen Zylinder, die Nebenpleul, angeordnet sind. Wenn das Hauptpleul bei einer Umdrehung der Kurbelwelle direkt unter einem der anderen Zylinder steht, ist das Nebenpleul des fraglichen Zylinders auf der Kreisbahn noch nicht oder schon nicht mehr direkt unter seinem Zylinder, und der Kolben steht noch nicht oder schon nicht mehr im oberen Totpunkt. Deswegen muss die Zündung der Kerzen dieses Zylinders auch etwas früher oder später erfolgen. Es erfolgt also nicht alle 720:9° (bei einem Neunzylinder-Motor) eine Zündung, sondern je nach Zylinder etwas früher oder später. Das ist der „Pleulfehler" der eine etwas unregelmäßige Wahl der Zündzeitpunkte bedingt und damit den zunächst erwarteten, vollständig seidenweichen Rundlauf verhindert.

Profildicke
Die absolute Profildicke ist die größte Höhe eines Profiles an der dicksten Stelle. Die relative Profildicke ist die absolute Profildicke geteilt durch die Profiltiefe, also die Länge von der Vorder- bis zur Hinterkante. Profile großer relativer Dicke sind Langsamflugprofile und umgekehrt.

Propellerwirkungsgrad
Alle Umsetzungsprozesse in der Technik leiden unter Verlusten, die als Disspiationsenergie (disappear = verschwinden) die Prozessgrenzen meist in Form von Wärme überschreiten. Ein Propeller wird von einem Motor angetrieben. Dazu erzeugt der Motor eine Leistung. Der sich drehende Propeller erfasst ein bestimmtes Luftvolumen und beschleunigt es, wodurch Schub entsteht. Die dem Luftstrom pro Zeiteinheit zugeführte kinetische Energie ist die der Luft zugeführte Leistung. Da diese geringer ist, als die von der Kurbelwelle des Motors an die Propellerwelle abgegebene, hat auch ein Propeller einen Wirkungsgrad, der kleiner als 1 oder 100% ist. Gute Propeller erreichen Wirkungsgrade zwischen 80 und 85%.
Der äußere Wirkungsgrad eines „Propulsionssystems" ist umso besser, je mehr Luft erfasst und je geringer diese Masse beschleunigt wird.

Profilsehne
Die Profilsehne ist die gedachte Linie von der Hinterkante zur vordersten Stelle des Profils, wo die Sehne im rechten Winkel austritt.

Querachse
Die Querachse oder y-Achse eines Flugzeuges verläuft von der linken Seite zur rechten Seite eines Flugzeuges durch den Schwerpunkt und steht senkrecht auf der Längs- und der Hochachse.

Richtungsstabilität
Führt ein Flugzeug eine Drehung um die Hochachse aus, erreicht es gegenüber der anströmenden Luft einen Schiebewinkel. Dabei wird dann auch die Seitenleitwerksflosse ungleich angeströmt, und es entsteht eine Querkraft, die der ursprünglichen Drehung entgegenwirkt. Je größer diese rückstellende Kraft ist, desto richtungsstabiler ist ein Flugzeug. Entscheidend für die Größe der Richtungsstabilität sind die Fläche der Seitenleitwerksflosse und ihr Abstand zum Schwerpunkt des Flugzeuges. Da sich aus der Multiplikation einer Fläche und eines Abstandes ein Volumen ergibt, nennt man die für die Stabilität ausschlaggebende Größe Leitwerksvolumen. Eine hohe Richtungsstabilität erleichtert es dem Piloten, in böigem Wetter den Kurs beizubehalten, erschwert es ihm aber, ein Manöver auszuführen.

Rollen
Als Rollen bezeichnet man eine Drehbewegung des Flugzeuges um seine Längsachse, es nimmt dann einen Hänge- oder Rollwinkel ein. Der englische Ausdruck lautet „roll", der Winkel ist der „bank angle". Auch die Bewegung des Flugzeuges am Boden bezeichnet man als Rollen auf einem Rollweg und nicht als Fahren auf einer Fahrbahn.

Scharniermoment
Alle Ruder sind in Scharnieren gelagert, die damit den Drehpunkt, die Ruderachse bilden. Drehungen um Achsen erfordern Drehmomente. Bei in Scharnieren gelagerten Rudern heißen diese Momente Scharniermomente (engl.: hinge moment)

schädlicher Widerstand
Der induzierte Widerstand ist die Folge der Auftriebserzeugung, er ist deswegen nicht nützlich, aber die Folge eines Nutzens. Der schädliche Widerstand ist aber die Folge von Reibung an der Oberfläche und Druckänderungen. Er ist nicht die Folge von etwas nützlichem und wird deswegen als schädlich bezeichnet.

schiebefrei
Ein Flugzeug fliegt schiebefrei, wenn die Anströmung genau parallel zur Längsachse stattfindet. Tritt zwischen Anströmungsrichtung und Flugzeuglängsachse ein Winkel, der

Schiebewinkel auf, wird das Flugzeug mit einer seitlichen Komponente angeströmt, wodurch sich der Widerstand erhöht.

Schub
Der Schub ist die durch die Antriebsanlage erzeugte, nach vorne wirkende Kraft, die den Widerstand überwindet.

Schwebeschubkurve
Die Schwebeschubkurve zeigt den Gesamtwiderstand eines Flugzeuges in Abhängigkeit von der Geschwindigkeit. Sie weist bei der Mindestgeschwindigkeit zunächst einen relativ hohen Widerstand aus, der dann mit ansteigender Geschwindigkeit zunächst abnimmt, im mittleren Bereich den kleinsten Wert erreicht, um dann mit weiter zunehmender Geschwindigkeit stark zuzunehmen.

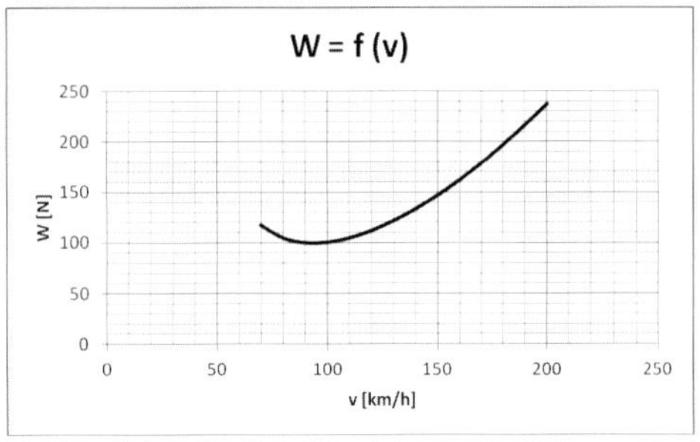

Typische Schwebeschubkurve, hier: Segelflugzeug.

Spant
Ein Spant ist ein tragendes, bei einem Schiff offenes und bei einem Flugzeug geschlossenes Bauteil, das senkrecht zur Längsrichtung steht und auch die Beplankung des Rumpfes aufnimmt.

Spornrad
Das Heck der ersten Flugzeuge ruhte am Boden auf einem Sporn, dem Schleifsporn. Erst später wurde dieser Sporn durch ein Rad, das Spornrad ersetzt.

Staudruck
Druck, der durch die Bewegung eines Fluides gegen eine Fläche auf diese eine Kraft ausübt, oder – halten Sie Ihre Hand beim Autofahren mal einfach aus dem Fenster, dann spüren Sie die Kraft, die der Staudruck erzeugt.

Stabilität
Stabilität meint im Kontext der Flugmechanik nicht Robustheit, sondern Richtungsbeharrung bzw. die Tendenz, nach einer Störung von aussen, z.B. durch eine Böe, den alten Flugzustand, der vor der Störung bestand, ohne Zutun des Piloten wieder einzunehmen.

Steuerbarkeit
Steuerbarkeit ist die Folgsamkeit eines Flugzeuges bei Ruderausschlägen. Ein ausgewogenes Verhältnis von Stabilität und Steuerbarkeit ist eine unabdingbare Voraussetzung für gutes Flugverhalten eines Flugzeuges und erleichtert dem Flugzeugführer seine Aufgabe erheblich.

Stöchiometrisches Verhältnis
Das Stöchiometrische Verhältnis beschreibt die Massenverhältnisse von Kraftstoff und Luft im Kraftstoff-Luft-Gemisch, die für eine vollständige Verbrennung aller Kraftstoffanteile notwendig sind.

Stringer
Stringer sind Längsträger im Rumpf, die senkrecht zu den Spanten verlaufen und diese miteinander verbinden.

TCAS
Traffic **A**lert and **C**ollision **A**voidance **S**ystem, ist ein elektronisches Zusammenstoßwarngerät, das auch Ausweichempfehlungen gibt. Die Position anderer Flugzeuge in der Nähe wird nach Richtung und Höhe ermittelt. Wenn ein bestimmter horizontaler und /oder vertikaler Abstand unterschritten wird, wird zunächst ein Verkehrshinweis (traffic advisory) ausgelöst, die Position des anderen Flugzeuges wird entsprechend dargestellt. Erreicht die Annäherung oder Annäherungsrate den nächsten Schwellwert wird ein Ausweichkommando (resolution advisory) ausgelöst, indem ein Steigen oder Sinken kommandiert wird. Dabei stimmen sich die Geräte an Bord beider Flugzeuge ab. Bei Auftreten einer Ausweichempfehlung ist es wichtig, nur diesem Kommando zu folgen und alle Anweisungen der Flugsicherung konsequent zu ignorieren.

Tiefdecker
Ein Tiefdecker ist ein Flugzeug, bei dem der Rumpf auf den Flügel montiert ist (es hat den Flügel unten).

Transponder
Ein Transponder ist ein elektronisches Kommunikationsgerät, das ein eingehendes Signal beantwortet. Von den Piloten wird nach Aufforderung durch die Flugsicherung eine vierstellige Zahl nach dem Oktalzahl-System, der „Squawk" eingegeben, die vom Lotsen auf dem Radarschirm erkannt werden kann (Modus A). Beim einem Modus C Transponder wird die Flughöhe als Höhe über der Normaldruckfläche mit übermittelt,

und bei einem Modus S Transponder können sowohl die Flugzeugkennung als auch andere ausgewählte Daten des Flugzeuges an die Flugsicherung zur Anzeige übermittelt werden.

V_1

Die Geschwindigkeit v_1 ist die Entscheidungsgeschwindigkeit (take-off decision speed) beim Start eines (mehrmotorigen) Flugzeuges, bis zu der ein Start beim Auftreten gravierender Probleme abgebrochen werden kann. Die v_1 muss so bemessen sein, dass die verbleibende Pistenlänge ausreicht, um das Flugzeug zum Stehen zu bringen.

V_R

Die v_R (rotation speed) ist die Geschwindigkeit, bei der die Flugzeugnase zum Abheben angehoben wird.

V_2

Die Geschwindigkeit v_2 ist die Fluggeschwindigkeit im Anfangssteigflug. Sie muss 20% über der Mindestgeschwindigkeit und 10% über der v_{MCA} liegen.

V_{MCA}

Die Geschwindigkeit v_{MCA} ist die minimum control speed air, also die geringste Geschwindigkeit, bei der ein Flugzeug in der Luft bei Ausfall des kritischen Triebwerkes und Startleistung auf allen verbliebenen Motoren allein mit aerodynamischen Mitteln geradeaus fliegen kann.

Fluggäste blicken während eines Rundfluges neugierig aus den Fenstern.

Zum Schluss – fliegerische Anekdoten

Fünf Ausweichlandungen an nur einem Tag oder: „You canotte flye fromme Rome to Rome!"

Im Jahr 1997 war die alte Tante in Italien unterwegs, und ich sollte einen Tag lang Rundflüge über der ewigen Stadt machen. Da bekanntlich alle Wege nach Rom führen, traf ich pünktlich am Flughafen Fiumicino ein, den ich ja auch von meinen Linienflügen auf dem Airbus A320 recht gut kannte. So hatte ich denn auch meine Zweifel, ob wir mit der alten Dame und ihren betrieblichen Eigenheiten den Laden an Italiens größtem Flughafen nicht ein wenig aufmischen würden. Und so kam es dann auch. Auch wenn ich die Strecke zur Ju gut zu Fuß hätte bewältigen können, war ich gezwungen, mir einen Crewbus zu bestellen, denn das Herumlaufen am Rande des Vorfeldes ist so gefährlich, dass nur speziell geschulte Bodenmitarbeiter das dürfen. Die wissen nämlich, wie sich ein Flugzeug am Boden bewegt. Flugkapitäne hingegen haben von so etwas natürlich keine Ahnung...

Also bestieg ich den Bus und sagte dem Chauffeur, er möge mich zu Flug Lufthansa LH 8801 bringen. Und nun begann das Elend. Er tippte auf seinem Monitor herum, telefonierte und erklärte mir dann mit Händen und Füßen: „ No Luftehansa eighte eighte zero uanne! Where goese flighte to?" „Rome!" „ No, no, no! You canotte flye frome Rome to Rome!" Klar, ich bin ja auch nur der blöde Pilot, der nicht weiß, wo er hinfliegen will. Erst als ich mit „Go, Go, pronto, avanti, per favore!" insistierte und ihn mit Handzeichen zum Flugzeug lotste, erreichte ich schließlich die Tante.

Aber so verkehrt lag der gute Mann dann doch gar nicht. Da wir ja bei Rundflügen nach Sichtflugregeln fliegen, ergab sich das nächste Problem: keine Sichtflüge über Rom! Also mussten wir Flugpläne nach Instrumentenflugregeln aufgeben. Der Flugsicherungsrechner war sich aber mit dem Busfahrer völlig einig: „You canotte flye frome Rome to Rome!"

Also mussten wir fünf Flugpläne von Rom Fiumicino nach Rom Ciampino aufgeben. Das ging natürlich auch nicht, denn wenn wir in Ciampino gelandet sein würden, könnte der nächste Flug nicht wieder in Fiumicino beginnen. So mussten wir vor jedem Flug den Plan neu aufgeben. Da diese Pläne aber 30 Minuten vor Abflug bei der Flugsicherung aufgegeben werden müssen, reichen 30 Minuten Bodenzeit zwischen zwei Flügen dafür nicht aus.

Erst ein Machtwort des Chefs der Flugsicherung löste das Problem, und so flogen wir fünfmal nach Ciampino und sagten bei jedem Anflug: „Sorry, unable to land in Ciampino, we have to divert zu Fiumicino!" – „Tut uns leid, wir können in Ciampino nicht landen und müssen nach Fiumicino ausweichen!"

Fünf Ausweichlandungen an einem Tag habe ich nie vorher machen müssen, und das schaffe ich wohl auch nicht mehr in diesem Fliegerleben...

Man sieht sich immer zweimal

Im Sommer 1990 trat die alte Dame nochmal eine Reise über den Atlantik an, diesmal aber nicht auf eigenen Schwingen, sondern im Bauch einer Antonov An 124, einem riesigen, russischen Transportflugzeug.

Nach der Wiederaufrüstung in Montreal begann dann eine neunmonatige Reise entlang der Ostküste bis Florida, dann durch die Südstaaten Richtung Kalifornien und dann entlang der Westküste bis zu den Boeing Werken in Seattle.

Jede Besatzung war drei Wochen an der Maschine, und jede Woche ging es eine Station weiter. Ich hatte wieder einmal viel Glück und war für New York, Philadelphia und Washington eingeteilt.

Am 03. Oktober 1990 wurde Deutschland wieder ein einig Vaterland, und die Ju sollte just in dieser Woche in Washington sein. Wir waren sogar zu den Feierlichkeiten in der Deutschen Botschaft eingeladen.

Nahe Washington gibt es im Bundesstaat Maryland auch einen Ort namens Berlin, und in diesem Berlin gibt es auch einen Flugplatz. Was lag also näher, als, wenn die „Berlin – Tempelhof“ schon nicht an diesem Tag in Tempelhof landen kann, wenigstens in Berlin/Maryland zu landen. Nun mußte der Flugplatz in Augenschein genommen werden, und das geht bekanntlich am besten, wenn man hinfliegt. Der Ops-Kollege Steven Pinarella aus Philadelphia kannte jemanden, der jemanden kennt, und so wurden Hennes Bonsmann und ich eingeladen, mit dem Fliegerkameraden, dessen Namen ich leider vergessen habe, in einer Beechcraft Bonanza nach Berlin zu fliegen. Am Flugplatz angekommen, traute ich meinen Augen nicht, denn das Kennzeichen der Machine war N 2037 N. Ich fragte ungläubig, ob er die Maschine von der Lufthansa Fliegerschule in Phoenix/Arizona erstanden hätte, was er bejahte. Es war also doch genau das Flugzeug, mit dem ich am 14. Januar 1981 meinen ersten Soloflug gemacht hatte.

So klein ist die welt – und man sieht sich immer zweimal!

Ein Airbus-Testpilot staunt nicht schlecht

Im Sommer 1992 ging die D-AQUI auf eine lange Reise zur Expo in Sevilla. Ich durfte bei der Rückreise in Toulouse zusteigen, um über Genf und Nürnberg nach Berlin zu fliegen. Ein Jahr zuvor hatte ich mein Flugzeugbaustudium begonnen, denn ich wollte ja Testpilot bei Airbus werden.
So tat Hennes Bonsmann mir einen großen Gefallen, denn ich konnte bei der Gelegenheit meine Visitenkarte in Südfrankreich abgeben.

Großer Bahnhof in Toulouse-Blagnac, Reden, Fachgesimpel, Probeflüge, denn natürlich wollten die Airbus-Testpiloten mal Ju 52 fliegen. Ich nahm also den Platz des Bordingenieurs ein und Capitaine Pierre Baud, Cheftestpilot von Airbus-Industries nahm auf dem Copilotensitz Platz. Nachdem er eine Weile geflogen war, simulierten wir den Ausfall des kritischen Motors 1 durch Zurücknehmen des Ladedruckes. Dann muss kräftig ins Seitenruder getreten werden. Capitaine Baud tat das auch, um dann ganz erstaunt in schönstem „Frenglisch“ zu klagen: „It‘s not very muche travel, but very muche force!“
Ja, die „fly by wire“-Drähte Ju sind dicker als beim Airbus, und die erforderlichen Kräfte auch!

Da erzittert die alte Dame

September 1990, John F. Kennedy Airport, New York. Kapitän Bonsmann, Flugingenieur Steinbach und ich rollen zur Piste 31 L, der längsten Bahn des Flughafens. Da die Tante die ganzen 4 km wirklich nicht braucht, melden wir uns an einer Rollwegeinmündung etwa Mitte der Bahn abflugbereit. Zur gleichen Zeit rollt am Startbahnkopf eine Concorde der Air France auf die Piste. Als der Lotse uns anweist: „Aunty, line up behind the departing Concorde!", meldet sich der Franzose und sagt, er würde gerne nach uns starten, um das zu sehen. Ich entgegne ihm dann, dass wir den Abflugsektor sicher erst freimachen würden, wenn er schon bei 40° West sein sollte. Davon läßt er sich überzeugen, und der Turmlotse erteilt der Concorde die Startfreigabe. Kurze Zeit später donnert die Concorde mit eingeschalteten Nachbrennern an uns vorbei. Gute Güte, was für ein Radau nur gut 100 m von den vier Olympus Motoren entfernt. Auch die Tante erzittert vor Ehrfurcht.

Wir sehen uns an und können es kaum glauben, dass die Concorde nur 37 Jahre nach der Ju ihren Erstflug hatte.

Die Ju 52 der „Amicale Jean Baptiste Salis" F-AZJU, die der Autor 2003 einflog.

In ehrendem Gedenken an Manfred Panneke

Juni 1991, Berlin-Tempelhof. Tante Ju ist zum ersten Mal nach 1945 auf dem Flughafen gelandet, dessen Namen sie in die Welt trägt. Ein Riesenbahnhof, Musik, viele Worte, aber auch viel stille Freude. Mein Kapitän, Heinz-Dieter (Hennes) Bonsmann, sagte später bei einem Interview, er habe es nie so andächtig still in einem Cockpit erlebt, wie bei diesem ersten Wiederanflug von Tempelhof. Und so war es. Hennes, Klaus Reinstorp, der Flugingenieur (der ALLES weiß) und ich sind uns der Bedeutung des Augenblicks bewusst. Selbst der in allen Sprachen der Welt fortwährend dahinschnatternde und immer zu Späßen aufgelegte „Ju-Pitter", Pit van Ophuisen, unser Chef-Steward, weiß einmal nichts beizusteuern.

Abends großes Essen mit dem Vorstandsvorsitzenden Heinz Ruhnau, eine zur Verfügung gestellte Limousine, nicht enden wollende Interviews und Radio- und Fernsehberichte – ein riesiger Rummel um die alte Dame, die zum ersten Mal wieder nachts draußen und doch unter einem Dach steht.

Als wir am nächsten Morgen zu den allfälligen Rundflügen mit zunächst nur geladenen Gästen wieder die Abflughalle des auf ewig schönsten und besten Flughafens der Welt betreten, stürmen die Menschen von allen Seiten auf uns ein. Etwas abseits fällt mir ein älterer Herr in seiner ruhigen und bescheidenen Art auf, und als ich ihm freundlich zulächele, nimmt er sich ein Herz und spricht mich höflich, still und bescheiden an. „Herr Cordes (weiß er aus dem Fernsehen), jestatten Panneke, Manfred Panneke, hier oos Balin. Ick möchte so jerne mal inne Ju rinkieken, wat muss ick wohl machen, det det jeht? Et wäre mein jrößter Wunsch!" „Nüscht! Sie sind so nett, ick mach se zu meem Eehrnonkel, kommse einfach mal mit!"

Dem Mann an der Sicherheitskontrolle, der fast preußisch strammsteht, als ich mich ihm nähere („keine Meldung!"), erkläre ich, dass ich meinen Onkel mit zur Ju nehme. Und MEIN Onkel braucht heute KEINE Bordkarte! „Is det klar?!?"

Wenige Minuten später sitzt Herr Panneke, der mir inzwischen erzählt hat, dass er noch vor dem Krieg bei Henschel in Schönefeld Flugzeugbauer gelernt hat, bevor er an die Front musste, auf dem Kapitänssitz. Ich werkle eine Weile im hinteren Teil des Flugzeuges und schaue dann mal nach unserem Gast. Der sitzt mit Tränen in den Augen da vorne und schluchzt fast: „Ick gloob det nich, de Mauer is wech, Balin is eens, und ick sitze inner Ju – danke, Herr Cordes!"

Er hat uns noch oft besucht, wenn wir mit der Ju zum Flugtraining in Lärz-Rechlin waren, durfte auch mal mitfliegen, war auch extra zu meiner Kapitänsfete angereist, hat sich aber bei einer Gelegenheit gesträubt, sich im Seehotel am Nebelsee zu uns an den Abendtisch zu setzen. „Nee, Herr Cordes, da jehör ick nich dazu. Det Sie und all die Herren sich überhaupt mit mir abjeben – ick bin doch bloß der kleene Panneke aus Lichterfelde."

Nee, Manfred, jenau det warste nich! Du hast dazu jehört, und ick freue mir heute noch, det ick Dir damals den Jefallen tun konnte. Kiek von da oben runter uff uns und de Tante, wenn wir doch noch mal über deen Balin fliejen, wa!

Tour durchs Baltikum im April/Mai 1993

Mai 1993 unternahmen wir eine bemerkenswerte Reise, die die Ju in fünf Tagen von Lübeck nach Helsinki brachte. Bis dahin führte der Weg in den Norden immer über Dänemark und Schweden, nun sollte es entlang der baltischen Küste gehen. Die Vorbereitungen waren sehr aufwändig, denn Kaliningrad, das ehemalige Königsberg in der russischen Enklave, war ein sehr ehrgeiziges Ziel. Um dorthin fliegen zu dürfen, mussten einige Anträge gestellt und einige Auflagen erfüllt werden. Doch davon später mehr.

Als alles vorbereitet war und die zwölf verfügbaren Plätze verkauft waren, begann das große Zittern, ob das Wetter auch mitspielen würde. Damals gab es noch keine Seiten im Internet, auf denen man das Wettergeschehen verfolgen konnte, und so rief ich in den Tagen vor dem geplanten Abflug immer wieder bei der Flugwetterwarte in Hamburg an und holte die Prognosen der Experten ein. Aber wir hatten Glück. Über dem Baltikum baute sich exakt für die geplante Reisezeit ein stabiles Hochdruckgebiet aus, das Hoffnung machte.

Nachdem noch unmittelbar vor Abflug ein technisches Problem zu überwinden war (eine undichte Brennstoffleitung) begann dann am Mittag des ersten Tages die Reise mit dem ersten Flug von Lübeck nach Barth. Getreu dem Motto „Hansestädte des Baltikums" überflogen wir natürlich zuerst die Altstadt von Lübeck und nahmen dann Kurs auf Wismar. Von dort ging es weiter nach Rostock und dann zum Flugplatz Barth. Während unserer Gäste einen Stadtrundgang im nahen Stralsund machten, führten wir von Barth aus noch einen Rundflug mit Gästen aus der Gegend durch. Am frühen Abend ging es dann noch weiter bis Heringsdorf auf Usedom. Beim Abendessen im Hotel lernten wir uns dann alle näher kennen. Es war eine bunte und nette Truppe.

Am Morgen des zweiten Tages fuhren wir fünf von der Crew (Kapitän, Copilot, Flugingenieur, Steward und Mechaniker) schon zum Flugplatz, während unsere Gäste noch einen Rundgang durch Heringsdorf, eines der Kaiserbäder der Jahrhundertwende um 1900, machten. Der Weiterflug führte uns dann von Heringsdorf durch Hinterpommern nach Danzig. Ab jetzt flogen wir über Neuland, keiner von uns hat die Gegend je gesehen oder bereist. Ab Einflug in den polnischen Luftraum mussten wir auch wieder sehr niedrig fliegen, so dass sich uns noch bessere Eindrücke boten. Wir konnten uns des Gedanken nicht erwehren, was sich wohl ältere Bewohner der überflogenen Gebiete denken mochten, wenn da wie aus dem Nichts plötzlich eine Ju 52 im Tiefflug angedröhnt kommt... Gegen Mittag erreichten wir Danzig, wo ein Bus auf uns wartete, der uns zur Marienburg brachte. Der abendliche Stadtrundgang durch Danzig hat bei mir tiefe Eindrücke hinterlassen, denn bis zu ihrer Flucht im Frühjahr 1945 hat meine Mutter dort einige Jahre verbracht.

Der Morgen des dritten Tages brachte dann den fliegerischen Höhepunkt der Reise mit dem Flug von Danzig nach Kaliningrad (Königsberg). Aus Moskau war ein Navigator der Aeroflot angereist, den mitzunehmen uns zur Auflage gemacht worden war. Nach Erreichen der Reiseflughöhe setzte er sich zwischen uns Piloten auf den Platz des Flugingenieurs und freute sich des Lebens. Viel navigiert hat er nicht, aber den Funksprechverkehr auf Russisch durchgeführt. Der Flug entlang der Frischen Nehrung war beeindruckend. Auf dem alten Flugplatz von Pillau, heute Baltisk, war noch die große Flugzeughalle im Stil des Dritten Reiches zu erkennen, und unser Mechaniker erinnerte sich an seine Flucht als Kind über die Nehrung Richtung Westen.

In Königsberg gelandet, ging alles seinen sehr sozialistischen Gang. Die Visa wurden noch an Bord vor dem Aussteigen kontrolliert, und dann mussten mein Kapitän und ich zur „Luftaufsicht", um die (knackigen) Landegebühren in US-Dollar bar zu bezahlen. Dem Gebäude, oder besser der Baracke am Südrand des Flugplatzes war die großdeutsche Vergangenheit deutlich anzusehen. Hier hat sicher mal ein Flugplatzkommandant seinen Dienstsitz gehabt. So sehr der Deckenbalken über der Tür durchhing, so ausgetreten war die Türschwelle, so dass sich die lichte Durchgangshöhe kaum verändert hatte. Als wir zum Flugzeug zurückgekehrt waren, und sich die anwesenden Beamten davon überzeugt hatten, dass alle Entgelte ordnungsgemäß entrichtet worden waren, durften wir einreisen. Vor dem Gebäude wartete ein Bus mit Fahrer und Deutsch sprechender Fremdenführerin, und dann ging es in die Stadt.

Wie viele Geschichten hatte ich vom sagenhaften Königsberg, dem Schloss mit dem Bernsteinzimmer, vom Pregel und dem Dom gehört. Aber was wir zu sehen bekamen, war ein völlig vermurkstes Stadtbild, mit dem nie genutzten, potthässlichen „Haus der Räte" an der Stelle, wo einst das Schloss der preußischen Könige gestanden hatte. Einzig der Dom entsprach meinen Erwartungen. Ein weiteres Prunkstück norddeutscher Backsteingotik mit dem Grab des großen Philosophen Immanuel Kant, der die Welt im Geiste durchmessen, Königsberg aber kaum je verlassen hatte.

Am späten Nachmittag saßen wir wieder in der Ju, um nach Palanga (Polangen) in Litauen weiter zu fliegen. Ein kurzer Hüpfer nur über das Samland zum nördlich von Klaipeda (früher Memel) gelegenen Flugplatz. Von dort ging es per Bus auf die Kurische Nehrung nach Juodkrante (Schwarzort), jedoch nicht ohne dem „Ännchen von Tharau" in Klaipeda einen kurzen Besuch abzustatten. Die Kurische Nehrung empfing uns mit völliger Stille. Der abendliche Spaziergang ans Haff und über die Dünen an die Ostsee hat mich tief beeindruckt. Schade, dass der Weg nach Rossitten versperrt war, wo die Segelflieger 50 Jahre zuvor stundenlang an den Dünen im Hangwind geflogen sind.

Beim Abendessen im gemütlichen Speisesaal des Hotels erzählten unsere beiden ältesten Gäste, die in Johannisburg/ Ostpreußen das Licht der Welt erblickt hatten, bei einer guten Flasche Rotwein, manchmal mit Tränen in den Augen, aus ihren Jugenderinnerungen.

Der vierte Reisetag brachte uns in die lettische Hauptstadt Riga. Vor dem Abflug holten wir am Flughafen noch die aktuellen Wetterdaten ein. Die Dame vom Wetterdienst schämte sich sichtlich dafür, dass sie die Meldungen auf einen abgerissenen Zeitungsrand schreiben musste, Papier hatte sie in ihrem Büro nicht zur Verfügung. Wie an allen Stationen hissten wir auch in Riga nach der Landung neben der Reedereiflagge am rechten Fahnenmast die Flagge des Gastlandes am linken – so gehört sich das! Diese Geste war wohlüberlegt. 48 Jahre nach dem Ende des Zweiten Weltkrieges mit einer Ju 52 durch das Baltikum zu fliegen, hätte auch ganz anders aufgefasst werden können, als wir es meinten. Dieser Seefahrerbrauch sollte Klarheit schaffen und wurde überall bemerkt und anerkannt, besonders aber in Riga, wie man mir mehrfach versicherte.

Während die Gäste zur Stadtbesichtigung fuhren, machten wir noch einen Rundflug mit geladenen Gästen. Bei der Gelegenheit entdeckten wir die unendlich langen Ostseestrände in dieser Gegend.

Der letzte Tag führte uns dann über Tallinn oder Reval nach Helsinki. Tallinn ist die einzige der einstmals berühmten und mächtigen Hansestädte im Baltikum, deren Stadtkern noch so wie vor 500 Jahren aussieht. Dies habe ich mir von den Gästen erzählen lassen, denn wir als Besatzung waren bei der Stadtrundfahrt nicht dabei. Auch in Tallinn hatte Lufthansa einige Honoratioren und besonders gute Kunden zu Rundflügen geladen.

Der letzte Hüpfer führte uns dann nach Helsinki und von dort noch am späten Nachmittag mit einem Linienflug zurück nach Hamburg.

Es war eine spannende, interessante Reise über Länder und zu Menschen, die wenige Jahre zuvor noch in unerreichbarer Ferne lagen. Es war für mich als gebürtigen Lübecker auch eine Reise in die Vergangenheit der Hanse, die mir, der ich im Schatten des Lübecker Doms zur Schule gegangen bin, Städte und Länder nähergebracht hat, mit denen die Kaufleute meiner Vaterstadt vor 500 Jahren regen Handel trieben und mit denen man gemeinsame kulturelle Wurzeln hat. Früher begann der Ostseeraum hinter Lübeck, bis 1989 war gleich hinter Lübeck Schluss.

Kaliningrad Control hatte damals und hat auch heute noch die Funkfrequenz 123.7 MHz, in der mein Geburtstag steckt. Jedes Mal, wenn ich mit der MD-11 oder mit dem A380 aus dem Fernen Osten kommend bei St. Petersburg die Ostsee erreichte und der weitere Weg an Tallinn und Riga vorbei Richtung Danzig führte, habe ich bei klarem Wetter versonnen aus dem Fenster geblickt – auf Tallinn und Riga hinab, auf das Ännchen von Tharau, auf Königsberg, auf das Frische Haff, auf die Halbinsel Hela und auf Danzig. Ich glaube, keinem meiner Copiloten ist die Erzählung dieser Reise erspart geblieben. Jetzt kennen Sie sie auch.

Tante und Stieglitz bei Vollmond in Lübeck, 15. Oktober 2006, beide Baujahr 1936.

„Iron Annie" going home

Beim Durchstöbern alter Unterlagen habe ich einen Bericht wiedergefunden, den ich im Jahr 1993 geschrieben habe, der damals veröffentlicht werden sollte, es aber dann aus irgendeinem Grunde doch nicht wurde.

Er beschreibt die eindrucksvollste und emotional bewegendste Reise, die ich in den mehr als drei Jahrzehnten mit der Ju unternommen habe.

Reise der Ju 52 D-AQUI in die DDR und Landung in Dessau

„GOING HOME" stand ihr auf den Rumpf gemalt, als sie an einem trüben Wintertag, dem 28. Dezember 1984, nach 17-tägiger Reise aus Amerika kommend in Hamburg landete. Schneller als damals erhofft konnte sie nach den dramatischen Veränderungen des Herbstes 1989 diese Reise beenden und an den Ort ihrer Entstehung, nach Dessau in Sachsen-Anhalt, zurückkehren.

Ich war damals Copilot auf Airbus A306/310 und eben seit 1988 auch auf der Ju 52 und habe diese Reise buchstäblich in der ersten Reihe mitgemacht. Hier meine damals niedergeschriebenen Erinnerungen.

Der Mitarbeiter beim Flugberatungsdienst AIS in Hamburg Fuhlsbüttel glaubt sich verhört zu haben, als ich ihm am Abend des 1. März 1990 die Flugplandaten für den am nächsten Tag anberaumten Flug durchgebe. Zielflugplatz ETHD, Heringsdorf auf Usedom. Erst die Nummer der Einflugfreigabe vermag ihn zu überzeugen, dass es sich nicht um einen verfrühten Aprilscherz handelt. Als er endgültig begreift, und ich ihm den Zweck und den geplanten Ablauf der Reise erläutere, freut er sich mit mir und wünscht uns einen guten Flug.

Aufregende Wochen liegen hinter der Deutsche Lufthansa Berlin-Stiftung. Wird das Flugzeug nach der Winterpause rechtzeitig fertig? Dürfen wir in die DDR? Dürfen wir die ADIZ (Air Defense Identification Zone, einen Streifen von 30 km Breite westlich der innerdeutschen Grenze nach Osten durchfliegen? Und dürfen wir nach Berlin? Und wenn alles klappt, spielt das Wetter mit, denn das Flugzeug hat noch keine Blindflugzulassung und schon gar nicht eine für Flüge in Vereisungsbedingungen, und die können Anfang März durchaus auftreten.

Rückblende: am 12. Februar traf ich mich mit dem Technischen Betriebsleiter der Stiftung und mit dem Leiter des Büros für Luftfahrtgeschichte der Interflug am Flughafen Berlin-Tegel. Unser Chefpilot, der die Erkundungsgruppe anführen sollte, lag zu Hause mit Grippe im Bett, und so musste ich als Copilot über die Anfliegbarkeit der Flugplätze Schönhagen südlich von Berlin und Dessau alleine entscheiden. Das war sicher das erste und letzte Mal, dass man einem Copiloten der Deutschen Lufthansa eine solche Entscheidung übertragen hat.

Um 11 Uhr vormittags trafen wir mit dem in Lufthansafarben lackierten Kombi in der Fliegerschule „Ernst Schneller" ein. Ernst Schneller war kein Luftfahrtpionier, allenfalls ein Pionier. Am 15. Januar war ich schon einmal als Mitglied der Segelflugkommission des Deutschen Aero Clubs in Schönhagen. An dem Tag hatte die erste gemeinsame Sitzung mit der Segelflugkommission des Flug- und Fallschirmsportverbandes der DDR stattgefunden. Ich war selbst überrascht, schon nach so kurzer Zeit und in völlig anderer Mission wieder dort zu sein. Gemeinsam mit dem Leiter der Fliegerschule befuhren wir den Platz, der als Ausweichflugplatz für Berlin-Schönefeld geplant war. Wie schon bei meinem ersten Besuch war ich von der Größe und vom hervorragenden Zustand des Platzes beeindruckt. Unser Technischer Betriebsleiter klärte noch weitere Details zu seiner vollsten Zufriedenheit, und so machten wir uns nach einer Tasse Kaffee wieder auf den Weg. Urteil: Anflug bei entsprechenden Wetterlagen möglich, Landung kein Problem, wenn die GST (Gesellschaft für Sport und Technik) eine Ausnahmegenehmigung für die Ju mit ihren 10.500 kg höchstzulässiger Startmasse erteilen würde.

Als wir aus dem Dorf hinausfuhren, schauten uns die Anwohner misstrauisch hinterher. War das schon das Vorkommando zur Errichtung eines neuen Großflughafens südlich von Berlin, von dem in diesen Wochen schon so oft in der Presse zu lesen war?

Gegen 14 Uhr trafen wir in Dessau ein und suchten das Rathaus. Weil ich verbotener Weise vor einer Ampel die Spur wechselte, war die Volkspolizei gleich zur Stelle. Als ich nach dem Vorzeigen der Reisedokumente und der Fahrzeugpapiere den Grund der Reise nennen sollte, hellte sich die Mine meines Gegenüber sichtlich auf. „Ja, beim Professor Junkers hat mein Vater schon gearbeitet. Dann bringen Sie uns das gute Stück mal heil her und gute Fahrt – auf der richtigen Spur!"

Als wir wenig später mit dem Oberbürgermeister, der seinen Besuch ob des großen, sich ankündigenden Ereignisses ein-

fach rausgeworfen hatte, auf dem Flugplatz eintrafen, sank die Stimmung aber schnell unter den Gefrierpunkt. Seit einigen Jahren hatte hier schon kein Flugbetrieb mehr stattgefunden, sondern nur noch Fahrbetrieb – mit Panzern, und so sah die Piste auch aus. Wir fuhren dutzende Male auf und ab, und mit dem Tageskilometerzähler maß ich die Entfernungen zwischen den Kratern aus. Mal waren es 300, mal 400 m. Nein, das war der alten Dame nicht zuzumuten. Aber waren hier nicht auch mal Segelflugkameraden? Und die brauchten doch sicher eine Schleppstrecke. Nach einigen weiteren „Erkundungsfahrten" fanden wir eine leidlich ebene Fläche auf dem, was einmal die Grasbahn gewesen sein musste. Der nutzbare Teil war etwa 1.200 m lang, ausreichend breit und muss in früheren Jahren regelmäßig gewalzt worden sein. Lediglich in der Mitte war ein ausgelatschter Trampelpfad, aber der herbeigeeilte Standortkommandant der Nationalen Volksarmee versprach, seine Pioniere rechtzeitig in Marsch zu setzen und die Bodenwelle einzuebnen. Ja, dann würde es gehen. Die Fabrikschornsteine im Osten des Platzes machten mir jedoch noch Sorgen. „Das müsste ich mir am besten aus der Luft ansehen!" Aber auch das wurde in diesen bewegten Tagen nicht als Unmöglichkeit, sondern als Herausforderung aufgefasst, und der Interflugkollege versprach mir, das zu organisieren. Wir klärten mit dem Oberbürgermeister noch ein paar organisatorische Fragen und machten uns bei Anbruch der Dunkelheit auf den Rückweg nach Berlin.
Zu Hause im Bett wartete unser Flugbetriebsleiter ungeduldig auf meinen Bericht, und die guten Neuigkeiten, die ich ihm mitteilen konnte, trugen sicher zu seiner Genesung bei.
Am nächsten Morgen fuhr ich alleine weiter und traf mich mit einem DDR Segelfliegerkameraden, der mir ausgesprochen konspirativ Kartenmaterial übergab und mich in einige Besonderheiten der Luftraumordnung einwies. Auf dem Rückweg nach Hamburg besuchte ich noch den Agrarfliegerplatz in Güstrow. Ich konnte es kaum glauben, als mir der „Platzkommandant" erzählte, dass er in seinen ungefähr 8.000 Flugstunden als Flieger kaum je höher als 100 m geflogen war. Der A310 ist für Höhen bis 41.000 ft zugelassen, das sind 12.500 m!

22. Februar

Wieder war eine „Delegation" der Stiftung am Flughafen Schönefeld eingetroffen, an dem Tag sollte die fliegerische Einweisung in den Luftraum der DDR stattfinden. Wir befanden uns am Südrand des Flugplatzes bei der Film- und Fotoflugabteilung der Interflug und wurden von der Besatzung einer Antonov An 2 erwartet. Wie oft hatte ich mit der B 737 in Sofia, Budapest, oder Bukarest in Sichtweite einer Tupolew 134 der Interflug gestanden, nie hatte ich mich getraut, einmal hinzugehen, zu winken oder hätte jemand uns zugewunken – und nun waren wir hier. Zwischen uns Piloten sprang der Funke sofort über. Im Grunde wollen wir ja alle nur fliegen, ob nun Airbus oder Antonow.
Der Flug in der DDR-SKA nach Schönhagen war nur kurz. Nach großem Hallo und kurzer Ortsbesichtigung teilte mein Kapitän meine Ansichten zu dem Flugplatz, und schon ging es weiter nach Dessau. Abwechselnd standen mein Kapitän und ich hinter den Piloten im Cockpit, um uns einweisen zu lassen. Wir staunten nicht schlecht, denn in dem „Spinnennetz", einem System aus Sichtflugstrecken quer durch die DDR, ging es grundsätzlich nur unter 150 m Höhe über die Landschaft. Meist noch tiefer – einmotorig. Wenn die Anna auch unerschütterlich vor sich hin brummte, so ist war bei dem Gedanken an einen Motorausfall doch ein wenig flau im Magen. Der Kapitän verstand das gar nicht, er hatte für Vermessungsflüge eine Erlaubnis, bis auf 1 m herunterzugehen. Der Anflug auf Dessau erwies sich als durchaus machbar, und so kehrten wir guten Mutes nach Berlin zurück.

2. März 1990

Rückseitenwetter und seit Tagen starker bis stürmischer Wind aus Nordwest, schier endlose Sichtweiten und immer wieder heftige Schneeschauer. Man sah es der Besatzung und den ausgesuchten Fluggästen an, dass sie sich auf eine Reise wie in alten Zeiten begeben hatten. Wintermäntel, warme Mützen und schwere Stiefel waren an diesem Tag à la mode.
Um 14 Uhr Ortszeit war es endlich soweit. „Lufthansa Hamburg, hier ist die Lima Hotel, wir fliegen los und werden morgen in Berlin sein!" verabschiedete sich mein Kapitän auf der Lufthansa-Frequenz. Und weil er sich so auf die erste Landung in Berlin freute, überließ er mir die Flugführung bis nach Heringsdorf. Der Steward meldete die Kabine klar, und wir drei in der Kanzel guckten uns noch einmal ungläubig an. „Lufthansa Lima Hotel, Hamburg Tower, You are cleared for take-off runway 33, after departure turn right on course to Lübeck! Gute Reise!"
Der Flugingenieur schob die Drosselhebel langsam nach vorne, die Motoren dröhnten, und die alte Dame machte sich auf ihren Weg.
In der kalten Luft erreichten wir schnell 3.000 Fuß (915 m) Flughöhe und bald lag Lübeck rechts unter uns. Am liebsten wäre ich ja hier in Verlängerung der Piste meines Segelflugplatzes und dicht bei der Kaserne, in der ich 10 Jahre zuvor das Recht und die Freiheit des Deutschen Volkes tapfer verteidigt hatte, über die innerdeutsche Grenze geflogen, aber das wurde uns verwehrt. Die Flugstrecke sollte zuerst über die Ostsee nach Gedser auf der Südspitze der dänischen Insel Falster führen, dann über den Einflugpunkt SEGAL zum Funkfeuer Trent

auf Rügen. Von da an sollte es dann auf dem Spinnennetz weiter Richtung Usedom gehen. Querab Grömitz verließen wir die ADIZ, und ich schlug vor, Schönefeld-Control zu rufen. Die Verbindung kam zustande und wenige Augenblicke später wurden wir angewiesen „D-CDLH, drehen Sie nach rechts auf Steuerkurs Ost, herzlich willkommen!"
Vom eisigen Nordwest getrieben erreichten wir kurze Zeit später den Ort Wustrow auf dem Darß. Ich hätte nie daran geglaubt, als erster Westdeutscher eines Tages überhaupt und dann noch in einer Ju 52 über den mecklenburgischen Strand zu fliegen. Die Schauer, die es mir jetzt über den Rücken jagte, hatten nichts mit dem Rückseitenwetter zu tun. Wir meldeten uns am Flugplatz Barth für einen tiefen Überflug an. Der Kamerad war völlig verunsichert, trommelte aber in Windeseile seine Flughafenmannschaft zusammen. Als wir die Bahn in Ameisenkniehöhe überflogen winkten uns begeisterte Fliegerkameraden zu.
Die Türme von Stralsund tauchten am Horizont auf, und über der altehrwürdigen Hansestadt kam uns die Anna entgegen. Wir kreisten um die Kirchtürme, beschnupperten uns wie Segelflieger im Bart und flogen dann gemeinsam über Greifswald, an Peenemünde vorbei nach Heringsdorf. Um 15:46 Uhr Ortszeit beendete ich die Linksplatzrunde auf die Piste 26 mit der ersten Landung der D-AQUI auf dem Boden der DDR. Viele Menschen waren gekommen, und der Empfang war ausgesprochen herzlich. Ein Vopo, an dem irgendetwas vorbei gegangen sein musste, wollte die Menschen nicht zum Flugzeug lassen und gab erst auf, als ich ihm klarmachte, dass sich Spionage in der Ju nicht lohnt und wir nicht gekommen waren, um Republikflüchtlinge aufzunehmen. Es sollte aber das einzige Erlebnis dieser Art auf der ganzen Reise bleiben.
Dafür erreichte uns aber eine andere niederschmetternde Nachricht per Fernschreiber aus Bonn: „Landung Berlin verboten!" So wurde der Aufenthalt auf der schönen Insel Usedom von emsigem Fernschreibverkehr überschattet. Durften die das überhaupt? Monate später stellte sich heraus, nein, durften sie nicht. Der Lufthansa Vorstand wollte aber keine Querelen mit dem Ministerialen und so wurde entschieden: Weiterflug am nächsten Tag ohne Landung in, aber über Berlin nach Leipzig-Mockau, wo der einzige Hallenplatz für die Ju verfügbar war.

3. März 1990

Wir flogen zusammen mit Anna nach Schönefeld. Tiefer Überflug über die Piste 25 rechts. Die Besucherterrasse war gerammelt voll mit Schaulustigen, denn Lufthansa hatte ja großzügig Rundflugkarten an Berliner Bürger verschenkt. Sie waren sicher genauso enttäuscht wie wir. Eine Szene aber war besonders eindrucksvoll. Links von der Bahn stand ein Löschwagen der Flughafenfeuerwehr mit ausgefahrener Leiter. Und oben auf der Leiter stand ein Feuerwehrmann und schwenkte eine große Deutschlandfahne als wir an ihm vorbeiflogen. Mein Kapitän grüßte Berlin mit Flügelwackeln, und wir stiegen langsam wieder in den Himmel und drehten nach Süden ab. Die Zeit war noch nicht reif....
Auf die Minute genau zu Sonnenuntergang landeten wir in Mockau, und unsere Ju fand wie zugesagt eine trockene Bleibe für die Nacht. Am nächsten Tag waren wir dann für die Einheimischen die Attraktion auf einem keinen Flugtag, und am 05. März hatten Flugzeug und Besatzung einen Ruhetag. Unser treusorgender Mechaniker hat das alte Mädchen liebevoll versorgt, und dann kam der große Tag.

6. März 1990

Es war 13:30 Uhr, als der Ingenieur die Motoren anließ. Minuten später startete der Kapitän die D-AQUI zum Flug nach Dessau. Wie im Vorjahr beim Deutschlandflug geübt, sprach ich meinen Kapitän im Zeitzielanflug nach Dessau, denn wir wollten ja pünktlich um 14 Uhr über dem Platz erscheinen. Begleitet von zwei Annas überflogen wir den Platz wiederum in Ameisenkniehöhe, und nach der Landung bereiteten uns Tausende einen großartigen Empfang. Die Soldaten, die auf dem Platz für Ordnung sorgen sollten, wurden einfach überrannt, und als wir nach dem Wenden die Menschen, die auf die Ju zurannten sahen, stellten wir ganz schnell die Motoren ab, damit niemand ein Propellerblatt an den Kopf geschlagen bekommen konnte. Es war unmöglich, aus der Maschine herauszukommen und erst, als der Kapitän drohte, wieder abzufliegen, wichen die Menschen einen Meter zurück.
Bernd, der Enkel von Hugo Junkers, hielt auf der Tragfläche zwischen der Besatzung stehend eine kurze Rede an die Dessauer – wir alle erlebten an dem Tag ein Stück Luftfahrtgeschichte. Erst nach Anbruch der Dunkelheit leerte sich der Platz, bis dahin verteilten wir kistenweise Aufkleber, Nadeln, Krawatten, schüttelten hunderte Hände und gaben Autogramme. Viele ehemalige Junkers-Mitarbeiter waren gekommen und übergaben uns Geschenke. Werkstattbücher und sogar eine Werkzeugausgabemarke. Manche waren aus der Zeit, in der unsere alte Dame noch ein junges Mädchen war. Ein alter Mann mit Tränen in den Augen drückte den Kapitän und bedankte sich: „Danke, dass Sie gekommen sind, Sie haben uns heute unsere Ehre wiedergegeben!" Man mag das im Jahr 2020 als schwülstig empfinden, damals haben die Menschen aber wirklich so gedacht und empfunden.
Bis tief in die Nacht hinein standen wir beim gemeinsamen Abendessen mit neu gewonnenen Freunden Rede und Antwort, und irgendwann um die Geisterstunde auf dem Fußmarsch ins Hotel hielt neben uns die Straßenbahn auf freier Strecke an. Der Fahrer öffnete die Tür und fragte: „Seid Ihr

von der Ju? Los, steigt ein, ich setze Euch vor dem Hotel ab!" Zum Start am folgenden Morgen waren wieder viele Menschen auf das Flugfeld gekommen, um uns und die verlorene Tochter zu verabschieden. Wir versprachen ihnen, wieder zu kommen und Rundflüge zu machen.
Gegen Mittag stand die AQUI wieder in der Halle in Mockau, und wir traten tief beeindruckt die Rückreise nach Berlin im Kleinbus an. Am Grenzübergang „Drei Linden" erfuhren wir dann, wie uns der Leiter des Büros für Luftfahrtgeschichte" erzählte, dass die DDR ein kleines Land war. Der DDR Zöllner steckte nur kurz die Nase in den Bus und sagte „Ah, die Junkers-Crew! Gute Fahrt!"

Der Kapitän beim Reinigen der Cockpitscheiben.